输变电设备状态检修技术问答

荀华　李航　韩建春　杨玥　主编

中国水利水电出版社

www.waterpub.com.cn

·北京·

内 容 提 要

　　本书通过技术问答的形式全面、系统地介绍了输变电设备状态检修的常用技术与技能。全书共分三章，主要内容包括输变电设备状态检修历史、检修概念、状态检修内容、状态信息管理、状态评价、状态巡检、检修试验等，并对变压器、断路器、互感器、输电线路等输变电设备在检修试验过程中遇到的相关技术要点进行了说明。

　　本书知识面广，实用性强，不仅可以作为输变电设备检修试验人员和专业管理人员的现场培训教材，还可以作为输变电设备运行人员、电力工程类专业大中专院校师生现场技能学习的参考书。

图书在版编目（CIP）数据

　　输变电设备状态检修技术问答 / 荀华等主编. -- 北京：中国水利水电出版社，2020.12
　　ISBN 978-7-5170-8950-6

　　Ⅰ.①输… Ⅱ.①荀… Ⅲ.①输电－电气设备－检修②变电所－电气设备－检修 Ⅳ.①TM72②TM63

　　中国版本图书馆CIP数据核字(2020)第196293号

书　　名	输变电设备状态检修技术问答 SHUBIANDIAN SHEBEI ZHUANGTAI JIANXIU JISHU WENDA
作　　者	荀华　李航　韩建春　杨玥　主编
出版发行	中国水利水电出版社 （北京市海淀区玉渊潭南路1号D座　100038） 网址：www.waterpub.com.cn E-mail：sales@waterpub.com.cn 电话：(010) 68367658（营销中心）
经　　售	北京科水图书销售中心（零售） 电话：(010) 88383994、63202643、68545874 全国各地新华书店和相关出版物销售网点
排　　版	中国水利水电出版社微机排版中心
印　　刷	清淞永业（天津）印刷有限公司
规　　格	140mm×203mm　32开本　8.5印张　236千字
版　　次	2020年12月第1版　2020年12月第1次印刷
印　　数	0001—2000册
定　　价	**78.00元**

前言

　　输变电设备检修工作对确保电网的安全、稳定、可靠运行起着关键作用，而提高现场技术人员的岗位技能和综合素质是开展检修工作的基础。

　　作者立足服务现场实际和岗位技术技能提高，通过不断搜集现场素材，征求专业人员意见，并进行改进和完善，归纳总结了状态检修相关知识，并将知识进行细化分解，涵盖了检修概况、状态评价、巡检和试验等，编写了本书，力争使之成为一本全面、系统、适时、实用的现场教材。

　　本书针对性强，立足生产，为大检修、大运行服务，对检修工作的变化历程做出了说明，对各类检修之间的关系、检修过程需要说明的问题给予解答，同时对试验过程中的阈值、标准等的来源给予解释。本书知识精炼，实用性强，结合现有的相关规程规范，对巡检、试验、检修过程中的问题给出了明确答复，体现了理论与实际相结合的特点，可满足运行、检修等相关专业人员的需求。

　　本书知识面广，不仅可以作为输变电设备检修试验人员和专业管理人员的现场培训教材，还可以作为输变电设备运行人员、电力工程类专业大中专院校师生现场技能学习的参考。

　　在本书编写过程中，作者依托内蒙古电网相关企业标准，结合国标、行标等相关标准，参考了很多相关文献，对收集到的资料信息进行了分析、加工和整理，特此对这些文献作者表示感谢。

特别感谢南京启征信息技术有限公司（以下简称"南京启征"）为本书的编写提供的相应支持及帮助。南京启征作为内蒙古电力公司状态检修辅助决策系统的开发及运维服务商，为状态评价导则、评价模型调整提供有力支撑。尤其感谢南京启征兰田、贾红艳为本书编写提供了大量的素材。

本书由荀华、李航、韩建春、杨玥主编，郭红兵、刘永江主审。参加本书编写工作的人员还有付文光、杨军、曹斌、胡耀东、赵夏瑶、郑璐、姜涛、张艳等。

由于编写时间仓促，且作者学识水平有限，书中难免出现疏漏和不妥之处，敬请读者批评指正。

作者

2020 年 7 月

目录

第一章

输变电设备状态检修概述

1. 简要说明我国电网设备检修模式的变更历程。

答：（1）故障检修阶段。20 世纪 50 年代之前，主要检修方式是故障检修。

（2）定期检修阶段。从 1954 年开始，执行以时间为标准的定期维修，一般规定每年春天进行维修，所以又称为春检预试。1997 年修订的电力行业标准《电力设备预防性试验规程》（DL/T 596—1996）一直沿用至今。定期维修对保证设备安全经济运行发挥了重大作用。

（3）状态检修模式探索阶段。从 20 世纪 80 年代开始，国内电网企业开始探索改变维修模式。1992 年大连市电业局进行了状态检修试点，根据设备实际运行状态灵活调整了检修周期，同时配备了一些在线监测设备，在一定程度上减小了检修工作量。由于技术水平的限制以及相应的技术管理工作也没有跟上，未能延续下去。浙江省电力公司绍兴市电业局在 1995 年开始对变电设备状态检修进行探索，形成了计算机辅助分析系统为技术支撑、状态评估为主要手段的变电设备状态检修管理模式。但限于规程制度和安全考核的限制，状态检修工作也没有取得大的突破。同期，国内电气设备状态检修工作探索仍在中，2000 年 12 月，中国电力科学研究院起草的电力行业标准《电气设备状态检修规程》对电气设备状态检修的基本原则、策略和实施方法进行规范并建立了在线监测的数据规约。

（4）状态检修实施阶段。2006 年，国家电网公司借鉴浙江省电力公司以状态评估为主要手段的状态检修模式，定义了电网设备状态检修的概念，初步形成了国家电网公司开展设备状态检修总体思路。2007 年，国家电网公司组织各网省电力公司和中国电力科学研究院编制了《电网设备状态检修管理标准（试行）》《输变电设备状态检修试验规程》《输变电设备状态评价导则》《输变电设备状态检修导则》《设备状态检修辅助决策系统技术导则》等纲领性文件，开始进行状态检修工作试点。2008 年国家电网公司完成对绍兴市电业局设备状态检修工作的验收，此后开始全面推进和不断深化电网设备状态检修。2010 年底，国家电网公司所属网省电力公司全部通过状态检修工作验收。但是由于推进速度快，生产人员理解、掌握状态检修技术不够，加之多数网省公司采用人工对设备状态进行评价，方式落后，工作量大，所以实际效果并不太好。为此，国家电网公司在"十二五"期间继续巩固、完善、提高设备状态检修工作。南方电网公司从 2010 年开始试行设备状态检修工作，模式与国家电网公司相似，2011 年底在部分网省公司实施了状态检修模式。内蒙古电力公司也在 2010 年开始稳步推进电网输变电设备状态检修工作。在内蒙古电力公司"十二五"规划中，明确提出了全面实施输变电设备状态检修的基本原则、工作任务和目标。

2. 什么是检修？

答：检修是使输变电设备保持或恢复到能执行所要求的功能状态所需的监督管理，以及检查和修理，即对设备进行检验与修理。

3. 什么是事后维修？

答：事后维修指设备出现故障之后对其进行停机检查与修理的活动，是 20 世纪 50 年代前主导的维修模式，称为第一代维修模式。

4. 什么是预防维修？

答：预防维修是在传统事后维修基础上发展起来的维修与管理模式，它流行于 20 世纪 50—60 年代。进行预防维修时需要预测设备故障，通过周期性的检查和分析来制订维修计划的管理方法，在故障之前采取措施，可减少非计划停运损失。

5. 什么是点检?

答：点检是由操作人员和各专业维修人员按照"五定"（定点、定法、定标、定期、定人）的方法对设备进行检查，了解设备状态信息，从而制订有效的维修策略，是及时发现设备缺陷、故障隐患的一种有效的设备管理方式。由于人的"五感"和所采用工具和仪器的精度限制，点检只能作为设备状态一种简单的定性评价手段。

6. 什么是视情维修?

答：视情维修是自 20 世纪 70 年代起，由于测试技术、仪器、信号分析和计算机技术的进步，以及设备的状态监测和故障诊断技术的发展，以设备状态监测与故障诊断技术为基础的维修模式。视情维修是在事先规定界限值或标准的情况下，通过人的感官或仪表进行检查，当发现潜在的问题开始暴露，并能预测何时将超过限定的界限值，认为设备有必要进行修理时采取的维修。

7. 什么是机会维修?

答：指当生产装置中某些设备或部件需要停机排除故障或已达到定期维修周期时，对于另外一些设备或部件也是一次可利用的维修机会，利用这种机会进行的维修称为机会维修。机会维修可以充分利用维修停机时间，使维修功能得到最大限度的发挥，因而是一种比较经济的维修管理方式。

8. 什么是故障检修?

答：故障检修是基于设备故障后果在可控的承受范围，仅在设备发生故障或异常后，才进行的维护、修复的检修方式。

9. 什么是预防性检修?

答：预防性检修是通过对产品进行系统性检查、检测和（或）定期更换以防止功能故障发生，使其保持在规定状态所进行的全部检测。

10. 什么是改进性检修？

答：改进性检修是指对设备缺陷或频发故障，按照当前设备技术水平和发展趋势进行改造，从根本上消除设备缺陷，以提高设备的技术性能和可用率的检修方式。

11. 什么是定期检修？

答：定期检修也叫计划检修，它是一种以时间为基础的预防性检修，根据设备生命周期的规律，事先确定检修时间、检修等级、检修项目等的检修方式。定期检修是基于设备检修规程规定的或制造厂提供的检修周期进行的检修模式。定期检修模式有自身的科学依据和合理性，在多年的实践中有效减少了设备的突发事故。但这种检修模式的缺点也是明显的，"一刀切"式的检修模式，没有考虑设备的实际状况。

12. 什么是可靠性检修？

答：可靠性检修是一种以设备可靠性统计分析为基础的预防性检修。根据设备可靠性分析结果和在系统中的作用，以最少的检修资源消耗，优化确定检修时间、检修等级、检修项目等的检修方式。

13. 什么是状态检修？

答：状态检修是一种以设备状态为基础的预防性检修，是根据状态检测和诊断技术提供的设备状态信息，评估设备状态，确定检修时间、检修等级、检修项目等的检修方式。说得通俗一些就是：根据设备运行、试验、检修、监测信息，对设备健康状况和故障发展趋势作出评价，确定设备状态、制订检修策略进行检修的模式。

14. 状态检修以什么为基础？并详细说明各自的含义。

答：状态检修是企业以安全、环境、效益等为基础，通过设备的状态评价、风险分析、检修决策等手段开展设备检修工作，达到设备运行安全可靠、检修成本合理的一种设备检修策略。其中安全是指由于各种原因可能导致的人身伤害、设备损坏、运行可靠性下降、电网稳定破坏等危及电网安全、可靠运行的情况；环境是指电网运行对社会、国民经济、环境保护等产生的影响；效益是指企业成本、收益以及事故情况下可能造成的直接、间接经济损失等。

15. 为什么要开展状态检修？

答：2002 年电力系统厂网分离以来，电网建设不断加快，周期检修工作量大大增加，检修人员紧缺问题日益突出，检修工作质量难以保证，检修工作针对性和有效性差，电网发展与人员紧缺之间的矛盾，电网可靠性与陪试（修）之间的矛盾越发严重，传统的周期检修模式遇到了难以破解的发展难题。设备检修是生产管理工作的重要组成部分，对提高设备健康水平，保证电网安全、可靠运行具有重要意义。随着电网的快速发展，以及用户对供电可靠性要求的逐步提高，传统的基于周期的设备检修模式已经不能适应电网发展的要求，迫切需要在充分考虑电网安全、环境、效益等多方面因素情况下，研究、探索提高设备运行可靠性和检修针对性的新的检修管理方式。状态检修是解决当时检修工作面临问题的重要手段。

16. 状态检修工作开展的基本原则是什么？

答：状态检修工作开展的基本原则是："安全第一"原则、

"标准先行"原则、"应修必修"原则、"过程管控"原则和"持续完善"原则。

（1）坚持"安全第一"原则。状态检修工作必须在保证安全的前提下，综合考虑设备状态、运行工况、环境影响以及风险等因素，确保工作中的人身和设备安全。

（2）坚持"标准先行"原则。状态检修工作应以健全的管理标准、工作标准和技术标准作为保障，工作全过程要做到"有章可循、有法可依"。

（3）坚持"应修必修"原则。状态检修工作的核心是确定设备的状态，并依据设备状态适时开展必要的试验、维护和检修工作，真正做到"应修必修，修必修好"，避免出现失修或过修的情况。

（4）坚持"过程管控"原则。开展状态检修工作应落实资产全寿命周期管理要求，从规划设计、采购建设、运行检修、技改报废等方面强化设备全过程技术监督和全寿命周期成本管理，提高设备寿命周期内的使用效率和效益。

（5）坚持"持续完善"原则。开展状态检修工作应适应电网发展和技术进步的要求，不断健全制度体系、完善装备配置、提升信息化水平、提高人员素质和技能水平。

17. 状态检修工作的核心是什么？

答：状态检修工作的核心是确定设备的状态，依据设备状态开展相应的试验、检修工作。状态检修与定期检修都属于预防性检修范畴，状态检修是根据设备性能/参数的监测结果及其处理措施进行的预防性检修，设备的性能/参数是由被监测的设备状态参数的变化反映出来的。设备故障发展规律如图1-1所示。

图1-1中潜在故障表示故障发生前的一些预兆；功能故障表示设备已丧失了某种规定功能；P-F间隔表示设备从潜在故障到功能故障的间隔；P点表示性能已经恶化，并发展到了可识别的潜在故障的程度。

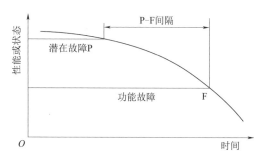

图 1-1 设备故障发展规律

18. 状态检修相对于计划检修的优势有哪些？

答：以往计划检修中陪试率和陪修率高达 95％以上，实施状态检修减少了停电试验和检修的盲目性，可每年减少设备维护费 25％～50％，减少停电时间 70％。同时由于采用了先进的状态监测技术，加强对设备状态的检测和监视，可以在运行状态下发现电气设备的缺陷，提高设备的运行可靠性，从而提升电网安全运行水平。

19. 状态检修工作包括哪几个环节？分别是什么？

答：状态检修工作包括状态信息管理、状态评价、风险评估、检修策略、检修计划、检修实施及绩效评估七个环节。

（1）状态信息管理是开展状态检修的基础，要在设备制造、投运、运行、维护、检修、试验等全过程中，通过对投运前基础信息、运行信息、试验检测数据、历次检修报告和记录、同类型设备的参考信息等特征量进行收集、汇总，为设备状态的评价奠定基础。

（2）状态评价主要依据输变电设备状态检修试验规程、输变电设备状态评价导则等技术标准，分析收集到的各类设备信息，确定设备状态和发展趋势。状态评价是开展状态检修工作的核心，通过持续、规范的设备跟踪管理，综合离线、在线等各种分

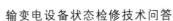

析结果，准确掌握设备运行状态和健康水平。

（3）风险评估是开展状态检修工作的重要环节。其目的就是要按照国家电网公司输变电设备风险评价导则的要求，利用设备状态评价结果，综合考虑安全、环境和效益等三个方面的风险，确定设备运行存在的风险程度，为检修策略和应急预案的制订提供依据。

（4）检修策略是以设备状态评价结果为基础，参考风险评估结果，在充分考虑电网发展、技术进步等情况下，对设备检修的必要性和紧迫性进行排序，并依据输变电设备状态检修导则等技术标准确定检修类别、检修项目、检修时间、检修方式等内容，并制订具体检修方案。

（5）检修计划依据设备检修策略制订。主要分为两个部分：一是覆盖整个设备寿命周期内的长期检修、维护计划，用于指导设备全寿命周期内的检修、维护工作；二是与公司资金计划相对应的年度检修计划和多年滚动计划、规划，用于指导年度检修工作的开展，以及未来一定时期内检修工作安排和资金需求。

（6）检修实施是状态检修的执行环节。根据检修策略和检修计划安排，按照设备检修工艺导则和规范，制订科学、合理的检修方案，开展设备检修工作。检修中要积极开展标准化作业，严格执行作业指导书，保证检修质量，做到"应修必修""修必修好"。

（7）绩效评估是在状态检修工作开展过程中，依据输变电设备状态检修绩效评估标准，对工作体系的有效性、检修策略的适应性、工作目标实现程度、工作绩效等进行评估，确定状态检修工作取得的成效，查找工作中存在的问题，提出持续改进的措施和建议。

20. 设备状态检修决策是如何确定的？

答：设备状态检修决策应依据《输变电设备状态检修导则》

等技术标准和设备状态评价结果，参考风险评估结论，考虑电网发展、技术更新等要求，综合调度、安监部门意见，确定设备检修维护策略，明确检修类别、检修项目和检修时间等内容。检修决策应综合考虑检修资金、检修力量、电网运行方式安排等情况，保证检修决策的科学性和可操作性。

21. 设备状态检修计划包含哪些内容？

答：设备状态检修计划应依据设备检修决策而制订。设备状态检修计划包括五年滚动设备状态检修计划和年度综合停电检修计划。检修计划内容包括检修内容（含检修等级）、费用预算、可靠性指标等。

年度综合停电检修计划应在年度状态检修计划基础上，结合反措、可靠性预控指标以及基建、市政、技改工程的停电要求编制。应统筹考虑输电设备与变电设备，一次设备与二次设备的停电检修工作，统一安排同间隔设备、同一停电范围内的设备检修，避免重复停电。

22. 如何确定设备的停电检修时间？

答：设备的停电检修时间是根据设备状态评价结果，并依据《输变电设备状态检修试验规程》、检修导则等技术标准和管理规定结合上一次检修时间确定的。

23. 设备如何开展状态检修？

答：状态检修应按已确定的检修策略及检修计划，按照相关状态检修试验、检修、检测标准，开展现场标准化作业。

24. 线路状态检修工作包含哪些内容？

答：线路状态检修工作包括停电、不停电测试和试验以及停电、不停电检修维护工作。

25. 新投运设备的状态检修要求是什么？

答：（1）新投运设备投运初期按《输变电设备状态检修试验规程》（DL/T 393、Q/ND 10501　06）规定：110kV 的新设备投运后 1～2 年，220kV 及以上的新设备投运后 1 年，应进行例行试验，同时还应对设备及其附件（包括电气回路及机械部分）进行全面检查，收集各种状态量，并进行一次状态评价。

（2）对新投运设备安排首次试验时，不受规程例行试验项目限制，根据情况安排检修内容，适当增加诊断试验或交接试验项目，以便全面掌握设备状态信息。

26. 新投运线路的状态检修要求是什么？

答：新投运线路投运初期，按照《输变电设备状态检修试验规程》（DL/T 393、Q/ND 10501　06）的规定：110kV 投运后 1～2 年，220kV 及以上投运后 1 年，应进行例行试验，同时还应对导线弧垂、对地距离和交叉跨越距离进行测量，对杆塔螺栓和间隔棒进行紧固检查，收集各种状态量，并进行一次状态评价。

27. 老旧设备或线路的状态检修要求是什么？

答：对于运行 20 年以上的变压器、断路器或线路等，宜根据设备或线路运行及评价结果，对检修计划及内容进行调整。必要时可缩短检修周期、增加诊断性试验项目。

28. 如何定义老旧设备？

答：老旧设备是指运行时间达到一定年限，故障或发生故障概率明显增加的设备，即接近其运行寿命的设备。根据国内外研究，电力设备的运行一般遵循浴盆曲线，即在设备投运的初期和寿命终了期是缺陷发生概率较高的时期，这也比较符合运行经验。实际操作中，应根据设备运行实际情况，参照状态评价结果，对不同厂家的设备确定不同的老旧设备运行年限规定。以变压器为例，由于各设备制造厂的设计裕度不同，单纯依据运行年限来确定老旧变压器存在较大争议，综合专家意见，对老旧变压器的运行年限暂定为 20 年。

29. 新设备如何界定？

答：新设备一般指未超设备质保期的设备。

30. 设备状态检修可以分为哪几类？各类检修之间的关系如何？

答：按工作性质内容及工作涉及范围，变电设备状态检修分为四类，即 A 类检修、B 类检修、C 类检修、D 类检修。其中 A 类检修、B 类检修、C 类检修是停电检修，D 类检修是不停电检修。

A 类检修是指停电状态下对设备的整体解体性检查、维修、更换和全项试验。

B 类检修是指停电状态下对设备的局部性检修，主要包括部件的解体检查、维修、更换和部分相关试验。

C 类检修是指停电状态下对设备的常规性检查、维护和例行试验，主要包括污秽清扫、螺丝紧固、防腐处理、易损件更换、表计校验等常规性工作。

D 类检修是指设备在不停电状态下进行的带电测试、外观检查、专业巡视和维修。

A 类检修包含 B 类检修和 C 类检修，而 B 类检修又包含 C 类检修。

31. 线路状态检修可以分为几类？分别是什么？

答：按工作性质内容与工作涉及范围，线路状态检修分为五类，即 A 类检修、B 类检修、C 类检修、D 类检修、E 类检修。其中 A 类检修、B 类检修、C 类检修是停电检修，D 类检修、E 类检修是不停电检修。

A 类检修是指对线路主要单元（如杆塔和导地线等）进行大量的整体性更换、改造等。

B 类检修是指对线路主要单元进行少量的整体性更换及加装，线路其他单元的批量更换及加装。

C 类检修是综合性检修及试验。

D 类检修是指在地电位上进行的不停电检查、检测、维护或更换。

E 类检修是指等电位带电检修、维护或更换。

32. 当设备开展状态检修以后需要开展临时性检修吗？

答：需要开展。临时性检修是针对设备在运行中突发的故障或缺陷而进行的检查与修理。根据设备故障或缺陷状况，安排 A 类、B 类、C 类、D 类检修及时进行处理。

33. 定期检修包含哪些内容？分别是什么？

答：定期检修包括大修、小修和临时性检修。

（1）大修是指对设备的关键零部件进行全面解体的检查、修理或更换，使之重新恢复到技术标准要求的正常功能。

（2）小修是指对设备不解体进行的检查与修理。一般结合预试进行，且不超过 3 年。

（3）临时性检修是指针对设备在运行中突发的故障或缺陷而进行的检查与修理。

根据设备故障或缺陷状况，安排大修或小修及时进行处理。

34. 定期检修与状态检修两种检修模式的对应关系是什么？

答：在状态检修模式下，以往的定期检修即大修、小修和临时性检修变更为 A 类检修（整体维修、返厂检修、相关试验）、B 类检修（部件的检修、相关试验）、C 类检修（停电检修与例行试验）、D 类检修（不停电工作）。对于输电线路，还包括 E 类检修（带电检修）。

定期检修的大修对应状态检修 A 类检修、B 类检修；定期检修的小修对应状态检修 C 类检修、D 类检修。

35. 设备评价状态与状态检修模式之间的关系是什么？

答：设备的状态检修模式由设备评价状态确定。设备评价结果"严重状态"对应"A 类检修"，设备评价结果"异常状态"对应"B 类检修"，设备评价结果"注意状态"或"正常状态"对应"C 类检修"。C 类检修周期是在基准停电例行试验周期的基础上结合设备评价状态确定，状态检修模式与定期检修模式共存。

36. 状态检修规程与预试规程的区别是什么？

答：（1）从设备的类型上，状态检修规程涵盖了各类设备和绝缘介质，既包括了现有的设备，也包括了已基本退运的少油断路器。状态检修规程适用于任何设备，所有设备的好坏与状态检修没有直接的关系，综合管理水平直接决定是否可以开展状态检修。

（2）从试验种类上，状态检修规程分为巡检项目、例行试验项目、诊断性试验项目三大类，从日常运行、例行试验、故障检查三方面获取设备信息，为设备的状态评估提供依据。状态检修试验规程在原有预试规程基础上增加了多项内容，并进行了详细的分类。

（3）从试验项目上，状态检修规程增加了现场污秽度评估、瓷质绝缘子超声探伤、变压器绝缘油颗粒数监测、电缆介损测量、红外测温等新型项目，减少了变压器全电压下冲击合闸、油箱表面温度分布等项目，对变压器绕组绝缘电阻、直流电阻、交流耐压、断路器主回路电阻等项目进行了修改。状态检修规程相比预试规程操作性更强，更符合实际需求。

（4）从试验项目判断上，从变压器绝缘电阻项目可以看出，状态检修规程依据中将吸收比、极化指数、绝缘电阻的标准清楚地标出，并明显指出只要符合其中一项就达到标准，不像以前预试规程判定依据不明确，实际中不好掌握；从变压器绕组直流电阻项目可以看出，状态检修规程取消了线间电阻互差、相间电阻互差，采用新的计算方法，较预试规程更严格；对变压器交流耐压项目，状态检修规程提出了频率与时间的关系。从试验项目判断上，较预试规程判定更加明确，考虑的因素更加全面，标准值制定更加严格。

（5）从状态规程概念上，状态检修规程提出了基准周期、显著性差异分析法、轮试、警示值、注意值、家族性缺陷、初值等新概念，较预试规程概念更多，内容细分，便于实际中执行，同时对设备从交接到运行的各种数据的判断趋势进行了明确，而预试规程标准较含糊。

总之，状态检修规程对实际运行和设备状态评估指导意义大于预试规程。

37. 设备最长检修周期是如何确定的？

答：受设备结构、工作原理以及零部件使用寿命等条件限制，各类设备均存在固有使用寿命或周期，因此设备最长检修周期不能超过其自身最薄弱环节最长使用时间。如断路器的操作机构，需要对液压油作定期润滑和过滤，而橡胶绝缘垫由于老化也需要定期更换。

38. 年度检修计划编制的要求是什么？

答：（1）年度检修计划每年至少修订一次。根据最近一次设备或线路状态评价结果，考虑设备或线路风险评估因素，并参考厂家的要求，确定下一次停电检修时间和检修类别。

（2）在安排检修计划时，应协调相关设备检修周期，尽量统一安排，避免重复停电。

（3）对于设备或线路缺陷，应根据缺陷性质，按照缺陷管理规定处理。

（4）同一设备或线路存在多种缺陷，也应尽量安排在一次检修中处理，必要时，可调整检修类别。

39. 变压器检修的分类原则是什么？

答：变压器检修的分类原则主要根据被检设备工况（是否需要停电）、检修工作涉及范围以及检修内容确定。实践中，凡需检修人员进入变压器本体内部的检修工作，一般应确定为A类检修；根据评价结果进行缺陷处理时，检修人员无需进入变压器本体的检修工作，确定为B类检修；例行的设备维护工作，确定为C类检修；不停电进行的设备部件更换、检查等检修工作，一般确定为D类检修。

40. 变压器的状态检修策略如何制订？

答：变压器状态检修策略既包括年度检修计划制订，也包括缺陷处理、试验、不停电的维修和检查等。检修策略应根据设备状态评价的结果进行动态调整。

A类检修考虑变压器胶垫的使用寿命，结合状态检修基准周期并综合考虑调度停电的经济因素；C类检修正常周期与例行试验周期一致；不停电维护和试验根据实际情况安排。

应根据设备评价结果制订相应的检修策略，油浸式变压器检修策略见表 1-1。

表 1-1 油浸式变压器检修策略

设备状态	正常状态	注意状态	异常状态	严重状态
检修策略	被评价为"正常状态"的变压器，执行 C 类检修。根据设备实际状况，C 类检修可按照正常周期或延长一年并结合例行试验安排。在 C 类检修之前，可以根据实际需要适当安排 D 类检修	被评价为"注意状态"的变压器，执行 C 类检修。如果单项状态量扣分导致评价结果为"注意状态"时，应根据实际情况提前安排 C 类检修。如果仅由多项状态量合计扣分导致评价结果为"注意状态"时，可按正常周期执行，并根据设备的实际状况，增加必要的检修或试验内容。"注意状态"的设备应适当加强 D 类检修	被评价为"异常状态"的变压器，根据评价结果确定检修类型，并适时安排检修。实施停电检修前应加强 D 类检修	被评价为"严重状态"的变压器，根据评价结果确定检修类型，并尽快安排检修。实施停电检修前应加强 D 类检修
推荐周期	正常周期或延长一年	不大于正常周期	适时安排	尽快安排

41. 油浸式变压器状态检修的各分类包含哪些检修项目？

答：油浸式变压器的检修分类、检修项目及注意事项见表 1-2。

表 1－2 油浸式变压器的状态检修项目

检修分类	检修项目		注意事项
A类检修	A.1 吊罩、吊芯检查		凡需检修人员进入变压器本体内部的检修工作，一般应确定为A类检修
	A.2 本体油箱及内部部件的检查、改造、更换、维修		
	A.3 返厂检修		
	A.4 整体更换		
	A.5 相关试验		
B类检修	B.1 油箱外部主要部件更换	B.1.1 套管或升高座	根据评价结果进行的缺陷处理，处理时检修人员无需进入变压器本体的检修工作为B类检修
		B.1.2 储油柜	
		B.1.3 调压开关	
		B.1.4 冷却系统	
		B.1.5 非电量保护装置	
		B.1.6 其他	
	B.2 油箱外部主要部件处理	B.2.1 套管或升高座	
		B.2.2 储油柜	
		B.2.3 调压开关	
		B.2.4 冷却系统	
		B.2.5 非电量保护装置	
		B.2.6 其他	
	B.3 绝缘油更换或处理	B.3.1 绝缘油更换	
		B.3.2 绝缘油处理	
	B.4 现场干燥处理		
	B.5 停电时的其他部件或局部缺陷检查、处理、更换工作		
	B.6 相关试验		
C类检修	C.1 按照《输变电设备状态检修试验规程》规定进行试验		例行的设备维护工作为C类检修
	C.2 清扫、检查、维修		

检修分类	检 修 项 目	注意事项
D类检修	D.1 带电测试（在线和离线）	不停电进行的设备部件更换、检查等检修工作，一般定为 D 类检修
	D.2 维修、保养	
	D.3 带电水冲洗	
	D.4 检修人员专业检查巡视	
	D.5 冷却系统部件更换（可带电进行时）	
	D.6 其他不停电的部件更换处理工作	

42. SF₆断路器状态检修的各分类包含哪些检修项目？

答：SF₆断路器的检修分类、检修项目及注意事项见表 1-3。

表 1-3 　　　　　　 SF₆ 断路器的状态检修项目

检修分类	检 修 项 目			注意事项
A类检修	A.1 现场全面解体检修			A 类检修为整体大修，即机构和本体同时解体大修或返厂的大修
	A.2 返厂检修			
	A.3 整体更换			
	A.4 相关试验			
B类检修	B.1 本体主要部件更换（极柱、灭弧室、导电部件、均压电容器、合闸电阻、传动部件、支持瓷套、密封件、SF₆气体、吸附剂、其他）			B 类检修为部件大修，可以为机构或本体或其他任一部件的解体大修
	B.2 本体主要部件处理	B.2.1 灭弧室		
		B.2.2 传动部件		
		B.2.3 导电回路		
		B.2.4 SF₆气体		
		B.2.5 其他		
	B.3 操作机构整体更换或检修	B.3.1 整体更换		
		B.3.2 整体检修		

检修分类	检修项目		注意事项
B类检修	B.4 操作机构部件更换、处理	B.4.1 传动部件 B.4.2 控制部件 B.4.3 储能部件 B.4.4 液压油处理 B.4.5 其他	B类检修为部件大修，可以为机构或本体或其他任一部件的解体大修
	B.5 停电时的其他部件或局部缺陷检查、处理、更换工作		
	B.6 相关试验		
C类检修	C.1 按照《输变电设备状态检修试验规程》进行试验		
	C.2 清扫、维护、检查		
	C.3 外绝缘表面涂刷防污闪涂料或粘贴伞裙		
D类检修	D.1 带电检测		
	D.2 维护、保养		
	D.3 对有自封阀门的充气口进行带电补气工作		
	D.4 对有自封阀门的密度继电气/压力表进行更换或校验工作		
	D.5 防锈补漆工作（带电距离够的情况下）		
	D.6 更换部分二次元器件，如直流空开		
	D.7 检修人员专业巡视		
	D.8 其他不停电的部件更换处理工作		

43. 线路状态检修包含哪些内容？

答：线路状态检修主要包含两部分内容：利用各种监测手段在线或离线监测线路运行状态，获取线路的有关参数；对线路状态进行综合分析，为线路的维护检修提供决策依据。

44. 架空输电线路的检修分类及检修项目分别是什么?

答: 架空输电线路的检修分类、检修项目见表1-4。

表1-4 架空输电线路的状态检修项目

检修分类	检修项目		
A类检修	A.1 杆塔更换、移位、升高(五基以上)		
	A.2 导线、地线、OPGW更换(一个耐张段以上)		
B类检修	B.1 主要部件更换及加装	B.1.1 导线、地线、OPGW B.1.2 杆塔	
	B.2 其他部件批量更换及加装	B.2.1 横担或主材 B.2.2 绝缘子 B.2.3 避雷器 B.2.4 金具 B.2.5 其他	
	B.3 主要部件处理	B.3.1 修复及加固基础 B.3.2 扶正及加固杆塔 B.3.3 修复导地线 B.3.4 调整导线、地线驰度	
	B.4 其他		
C类检修	C.1 绝缘子表面清扫		
	C.2 线路避雷器检查及试验		
	C.3 金具紧固检查		
	C.4 导地线走线检查		
	C.5 其他		
D类检修	D.1 修复基础护坡及防洪、防碰撞设施		
	D.2 铁塔防腐处理		
	D.3 钢筋混凝土杆塔裂纹修复		
	D.4 更换杆塔拉线(拉棒)		

续表

检修分类	检 修 项 目
D 类检修	D.5 更换杆塔斜材
	D.6 拆除杆塔鸟巢
	D.7 更换接地装置
	D.8 安装或修补附属设施
	D.9 通道清障（交叉跨越、树木砍伐等）
	D.10 绝缘子带电测零
	D.11 接地电阻测量
	D.12 红外测温
	D.13 其他
E 类检修	E.1 带电更换绝缘子
	E.2 带电更换金具
	E.3 带电修补导线
	E.4 带电处理线夹发热
	E.5 其他

45. 架空线路的状态检修策略是什么？

（答）：状态检修策略既包括年度检修计划制订，也包括缺陷处理、试验、不停电的维护等。检修策略应根据线路状态评价的结果动态调整。C 类检修正常周期宜与例行试验周期一致；不停电维护和试验根据实际情况安排；对于可用带电作业处理的检修或消缺，宜安排 E 类检修。

应根据线路评价结果制订相应的检修策略，线路状态检修策略见表 1-5。

表 1-5　　　　　　　架空输电线路状态检修策略表

线路状态	正常状态	注意状态	异常状态	严重状态
检修策略	被评价为"正常状态"的线路,执行 C 类检修。根据线路实际状况,C 类检修可按照正常周期或延长一年并结合例行试验安排。在 C 类检修之前,可以根据实际需要适当安排 D 类检修	被评价为"注意状态"的线路,若用 D 类或 E 类检修可将线路恢复到正常状态,则可适时安排 D 类或 E 类检修,否则应执行 C 类检修。如果单项状态量扣分导致评价结果为"注意状态"时,应根据实际情况提前安排 C 类检修。如果仅由线路单元所有状态量合计扣分或总体评价导致评价结果为"注意状态"时,可按正常周期执行,并根据线路的实际状况,增加必要的检修或试验内容	被评价为"异常状态"的线路,根据评价结果确定检修类型,并适时安排检修	被评价为"严重状态"的线路,根据评价结果确定检修类型,并尽快安排检修
推荐周期	正常周期或延长一年	不大于正常周期	适时安排	尽快安排

46. 简要说明状态检修体系的作用。

答:状态检修体系是保证状态检修工作取得实效的关键。状态检修工作的基础是从管理、技术和执行三个方面建立相应的体系结构,确保设备检修工作的安全、质量和效益。

47. 简要说明状态检修管理体系的含义。

答：状态检修管理体系是为了保证状态检修顺利开展所必须建立的管理规定和管理标准，对工作范围、工作内容、程序、方法、检查和考核等进行规范，主要包括设备状态检修管理规定、输变电设备状态检修绩效评估标准、输变电设备全寿命管理指导性意见、输变电设备在线监测系统管理规范等。

48. 简述设备状态检修管理规定的内容。

答：设备状态检修管理规定提出了状态检修的基本概念，规定了开展状态检修组织管理、职责分工、管理内容、保障措施、技术培训、检查与考核等方面的工作要求，是状态检修工作的纲领性管理文件。

49. 简述输变电设备状态检修绩效评估标准的内容。

答：输变电设备状态检修绩效评估标准建立了状态检修绩效评估的指标体系，规定了状态检修绩效评估的实施范围、评估机构、评估方法、评估流程和评估内容，提出了评估报告的规范格式要求。绩效评估是企业实施状态检修策略后，从安全、环境、效益等方面对取得的成绩与效果进行评估，检查状态检修工作开展的实效，并从中找出偏差和问题，以达到持续改进的目的。

50. 简述输变电设备全寿命管理指导性意见的内容。

答：输变电设备全寿命管理指导性意见对开展资产全寿命管理工作，建立规范的、符合实际的资产全寿命管理体系提出了指导性意见，明确了规划设计、基建、运行维护和退役处置四个寿命周期阶段，确定了技术、经济、社会三个层面递进评估资产管理策略决策方法，提出了由组织机构、信息、流程和战略四个

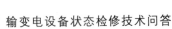

输变电设备状态检修技术问答

要素组成的资产全寿命管理基本框架，以及由战略、计划、实施、检查和评价五个要素组成的持续改进资产管理过程。

51. 简述输变电设备在线监测系统管理规范的内容。

答：输变电设备在线监测系统管理规范规定了输变电设备在线监测系统的全过程管理，包括在线监测系统的管理职责、设备选型和使用、安装和验收、运行、维护、培训和技术文件的管理要求。

52. 简要说明状态检修技术体系的含义。

答：状态检修的技术体系是指支撑状态检修工作的一系列技术标准和导则，是开展状态检修的技术保证，主要包括输变电设备状态检修试验规程、输变电设备状态评价导则、输变电设备状态检修导则、输变电设备风险评价导则、输变电设备状态检修辅助决策系统建设技术原则、输变电设备在线监测系统技术导则以及各类设备检修工艺导则等。

53. 简述《输变电设备状态检修试验规程》的内容。

答：《输变电设备状态检修试验规程》（DL/T 393、Q/ND 10501 06）规定了 10～750kV 变压器、开关、线路等各类高压电气设备巡检、检查和试验的项目、周期和技术要求，以巡检、例行试验、诊断性试验替代了原有定期试验，明确了基于设备状态的试验周期和项目双向调整方法，提出了警示值和不良工况、家族缺陷等新概念以及显著性差异和纵横比分析的新方法。规程内容涵盖巡检、例行试验、诊断性试验、在线监测、带电检测、家族缺陷、不良工况等状态信息，吸收了最新的现场试验项目和分析方法，充分考虑了各单位设备状态、地域环境、电网结构等特点，是状态检修工作的基础性技术文件。

54. 简述输变电设备状态评价导则的内容。

答：输变电设备状态评价导则规定了对输变电设备状态进行量化评价的方法，内容主要包括状态参量的选取、权重的定义、评分标准、设备分部件的划分以及根据状态参量评价设备状态的方法等。

55. 简述输变电设备状态检修导则的内容。

答：输变电设备状态检修导则明确了根据设备状态评价确定具体检修等级、内容并制订针对性检修方案的过程和方法。

56. 简述输变电设备风险评价导则的内容。

答：输变电设备风险评价导则明确了开展风险评估工作的基本方法，包括评价的数学模型及影响风险值的资产、损失程度、设备平均故障率等要素的评价方法，给出了不同风险值设备的处理原则。

57. 简述输变电设备状态检修辅助决策系统建设技术原则的内容。

答：输变电设备状态检修辅助决策系统建设技术原则是指导和规范输变电设备状态评价系统建设的主要技术依据，规定了输变电设备状态检修辅助系统应具备的统一业务功能模型、接口规范、系统平台、软件设计等技术要求。

58. 简述输变电设备在线监测系统技术导则的内容。

答：输变电设备在线监测系统技术导则规定了输变电设备在线监测参数的选取、监测系统的选型、试验和检验、现场交接验收、包装、运输和储存等方面的技术要求，强调监测系统的有效性和实用性。

59. 简述电力设备带电检测技术规范的内容。

答：电力设备带电检测技术规范规定了主要电力设备带电检测的项目、周期和判断标准，用以判断在运设备是否存在缺陷，从而预防设备发生故障或损坏，保障设备安全运行。

60. 简述电网设备缺陷管理办法的内容。

答：电网设备缺陷管理办法规定了设备缺陷报告与定性、处理、验收、统计分析与回顾等相关管理办法。

61. 简要说明状态检修执行体系的含义。

答：状态检修执行体系是包括组织机构在内的状态检修流程中各环节的具体实施，它包括设备信息收集、设备评价和风险分析、制定检修策略并实施、检修后评价和人员培训等。

62. 什么是泛在？

答：泛在源自拉丁语，意为广泛存在，无论是时间还是空间，无论二维还是三维，无论微观还是宏观，在任何时间任何地点无处不在。

63. 什么是泛在物联？

答：泛在物联是指任何时间、任何地点、任何人、任何物之间的信息连接和交互，将电力用户及其设备、电网企业及其设备、发电企业及其设备、供应商及其设备，以及人和物连接起来，产生共享数据，为用户、电网、发电、供应商和政府、社会服务，为更多市场主体的发展创造更大机遇。

64. 什么是泛在电力物联网？

答：国家电网公司在 2019 年两会报告中提出要建设运营泛

在电力物联网。泛在电力物联网是指围绕电力系统的发电、输电、变电、用电各环节，充分应用传感技术、移动互联、人工智能等现代信息技术、先进通信技术，实现电力设备、人机交互、决策定位等的互联互通，具有状态全面感知、信息高效处理、应用便捷灵活特征的智慧服务系统。

65. 什么是设备寿命周期？

答：设备寿命周期指设备从开始投入使用起，直到因设备功能完全丧失而退出使用的总的时间长度。衡量设备最终退出使用的一个重要指标是可靠性。设备的寿命通常是设备进行更新和改造的重要决策依据。设备更新改造通常是从设备经济寿命来考虑，为提高产品质量，延长设备的技术寿命、经济寿命，促进产品升级换代，节约能源为目的而进行的。

66. 简述"三型两网"的意义。

答：2019 年 1 月，国家电网公司做出全面推进"三型两网"建设，加快打造具有全球竞争力的世界一流能源互联网企业的战略部署：建设"坚强智能电网"与"泛在电力物联网"，承载电网业务和新兴业务，以互联网思维开展新业务、新业态和新模式，推动国家电网公司从电网企业向世界一流的"枢纽型""平台型""共享型"能源互联网企业转型。

67. 简要说明电网的"三型"。

答："三型"是指建设"枢纽型""平台型""共享型"能源互联网，这是世界一流能源互联网企业的特征。

（1）枢纽型。体现公司产业属性，是指要充分发挥电网在能源汇集传输和转换中利用中的枢纽作用，促进清洁低碳、安全高效的能源体系建设，促进能源生产和消费革命，引领能源行业转型发展。

（2）平台型。体现公司网络属性，是指以能源互联网为支撑，汇聚各位资源，打造能源配置平台、综合服务平台与新业务、新业态和新模式培育发展平台，使平台价值开发成为公司核心竞争力的重要途径。

（3）共享型。体现公司社会属性，是指树立开放、合作和共赢的理念，积极有序推进投资和市场开放，吸引更多社会资本和各类市场主体参与能源互联网建设和价值挖掘，带动产业链上下游共同发展，打造共建共治共赢的能源互联网生态圈，与全社会共享发展成果。

68. 简要说明电网的"两网"。

答：**"两网"是指建设"坚强智能电网"与"泛在电力物联网"，这是世界一流能源互联网企业的重要物质基础。

（1）坚强智能电网是指以特高压、超高压电网为骨干网架，各级电网协调发展，具有信息化、自动化与互动化为特征和智能响应能力、系统自愈能力的新型现代化电网。

（2）泛在电力物联网是指充分利用移动互联、人工智能等现代信息和先进通信技术，实现电力系统各个环节万物互联、人机交互，具有状态全面感知、信息高效处理和应用便捷灵活等特点的智慧服务系统，具有智慧化、多元化和生态化特征。

69. 什么是"互联网＋"？

答：2012 年，国内首次提出"互联网＋"的概念，政府制定"互联网＋"行动计划，推动移动互联网、云计算、大数据和物联网等与现代制造业结合，促进电子商务、工业互联网和互联网金融健康发展，引导互联网企业拓展国际市场。

国家发展改革委在《关于 2014 年国民经济和社会发展计划执行情况与 2015 年国民经济和社会发展计划草案的报告》对"互联网＋"进行解释。

（1）"互联网＋"代表一种新的经济动态，即充分发挥互联网在生产要素配置中的优化和集成作用，将互联网的创新成果深度融合于经济社会各领域之中，提升实体经济的创新力和生产力，形成更广泛的以互联网为基础设施和实现工具的经济发展新形态。

（2）"互联网＋"行动计划将重点促进云计算、物联网和大数据为代表的新一代信息技术与现代制造业、生产性服务业等的融合创新，发展壮大新型业态，打造新的产业增长点，为大众创业、万众创新提供环境，为产业智能化提供支撑，增强新的经济发展动力，促进国民经济提质增效升级。

70. 什么是物联网？

答：物联网是物物相连的互联网，是互联网向物理世界的渗透、拓展和延伸，实现物与物、物与人、人与人之间的连接。

1998 年美国麻省理工学院的 Kevin Ashton 首次提出物联网的概念，他指出将无线射频识别技术和其他传感器技术应用到日常物品中构造一个物联网。在互联网的发展过程中，物联网是一个重要的组成部分。1999 年美国麻省理工学院建立了"自动识别中心"，提出"万物皆可标识并通过网络互联"，阐明了物联网的基本特征，包括信息多源、全面感知、可靠传递和智能处理。

71. 什么是工业互联网？

答：2019 年，工业互联网首次被写入政府工作报告。围绕推动制造业高质量发展，强化工业基础和技术创新能力，促进先进制造业和现代服务业融合发展，加快建设制造强国。打造工业互联网平台，拓展"智能＋"，为制造业转型升级赋能。工业物联网是将具有感知、监控能力的各类采集、控制传感器或控制器，以及移动通信、智能分析等技术融入到工业生产过程各个环节，从而大幅提高制造效率，改善产品质量，降低产品成本和资

源消耗，最终将传统工业提升到智能化的新阶段。

72. 什么是智能电网？

答：2009 年，国家电网公司首次公布了智能电网发展计划。智能电网就是电网的智能化（智电电力），也被称为"电网2.0"，它是建立在集成的、高速双向通信网络的基础上，通过先进的传感和测量技术、先进的设备技术、先进的控制方法以及先进的决策支持系统技术的应用，实现电网的可靠、安全、经济、高效、环境友好和使用安全的目标，其主要特征包括自愈、激励和保护用户、抵御攻击、提供满足 21 世纪用户需求的电能质量、容许各种不同发电形式的接入、启动电力市场以及资产的优化高效运行。

智能电网以物理电网为基础（中国的智能电网是以特高压电网为骨干网架，各电压等级电网协调发展的坚强电网为基础），将现代先进的传感测量技术、通信技术、信息技术、计算机技术和控制技术与物理电网高度集成而形成的新型电网。它以充分满足用户对电力的需求和优化资源配置，确保电力供应的安全性、可靠性和经济性，满足环保约束，保证电能质量，适应电力市场化发展等为目的，实现对用户可靠、经济、清洁、互动的电力供应和增值服务。智能电网贯穿发、输、配、用全过程，建设智能电网，需要电力系统各领域的积极合作。

73. 智能电网的优点主要体现在哪些地方？

答：智能电网主要具有坚强、自愈、兼容、经济、集成、优化等特性。智能电网的优点主要体现在：①科学经济的配网规划；②自适应的故障处理能力；③迅速的故障反应；④可靠的电力供给；⑤更高的电能质量；⑥可靠经济的设备管理；⑦支持分布式能源和储能元件；⑧与用户的更多交互；⑨允许用户向电网提供多余的电力；⑩根据用户的信用控制电力的供给。

74. 什么是数据科学？

答：数据科学是一门新兴学科，是大数据时代新出现的理论、模型、平台、工具和最佳实践组成的一整套知识体系。从数据科学的知识特征看，它主要以统计学、机器学习、数据可视化以及领域知识为理论基础，研究数据加工、数据计算、数据管理、数据分析和数据产品开发；从数据科学的技术特征看，它主要得益于云计算、物联网、移动计算等新技术的兴起和快速发展；从数据科学的实践特征看，它是一门实践性极强的学科，其研究和应用均不能脱离具体专业和领域；从数据科学的学科属性上看，它涉及数据思维模式的转变、数据认识和数据文化建设。

75. 什么是数据资产运营？

答：所谓数据资产运营，是指企业或组织采用各种表计、测量工具获取数据，并通过管理手段保证数据资产的安全、质量与完整性、合理配置和有效利用的方式，从而保障和促进各项功能的进行和发展，提高企业的经济效益增长。在泛在电力物联网环境下，数据资产运营既可作为解决平台统一管理、透明分配、共享开放数据的有效方法，也可以作为企业内部合理评估、规范和治理企业信息资产，挖掘发挥数据资产价值并促进其增值的重要功能部分。

76. 什么是泛在聚合？

答：泛在聚合是要实现互联网所造就的无所不在的浩瀚数据海洋，实现彼此相识意义上的聚合。这些数据既代表物，也代表物的状态，甚至代表人工定义的各类概念。数据的泛在聚合，将能使人们极为方便地任意检索所需的各类数据，在各种数学分析模型的帮助下，不断挖掘这些数据所代表的事务之间普遍存在的复杂联系，从而实现人类对周边世界认知能力的革命性飞跃。

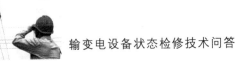

77. 什么是区块链技术?

答:所谓区块链技术(Blockchain Technology,BT),也被称为分布式账本技术,是一种互联网数据库技术,其特点是去中心化、公开透明,让每个人均可参与数据库记录。

广义来讲,区块链技术是利用块链式数据结构来验证与存储数据、利用分布式节点共识算法来生成和更新数据、利用密码学的方式保证数据传输和访问的安全、利用由自动化脚本代码组成的智能合约来编程和操作数据的一种全新的分布式基础架构与计算方式。狭义来讲,区块链是一种按照时间顺序将数据区块以顺序相连的方式组合成的一种链式数据结构,并以密码学方式保证的不可篡改和不可伪造的分布式账本。

78. 什么是多元融合高弹性电网?

答:多元融合高弹性电网是 2020 年 4 月国网浙江省电力公司提出的。

多元融合高弹性电网是能源互联网的核心载体,是海量资源被唤醒、源网荷全交互、安全效率双提升的电网,具有高承载、高互动、高自愈、高效能四大核心能力。建设多元融合高弹性电网,就是应用"大云物移智链"等技术手段赋能电网,释放电网潜力,丰富电网调剂手段,在提高电网安全水平的同时大幅提升电网运行效率。

79. 为什么要建立多元融合高弹性电网?

答:随着中国经济发展和产业结构的调整,浙江电网发展面临深刻变化和转型需求。在电源侧,浙江发电类型多达 13 种,外来电比例达到 35.7%,同时新能源发展迅速。在电网侧,安全红线不断箍紧,设备和运行冗余度大。在负荷侧,用户负荷资源处于沉睡状态,交互机制能力尚未建立。而在储能侧,设施配置少,难利用,无政策。这意味着,电网面临源荷缺乏互动、安全依赖冗余、平衡能力缩水、提效手段匮乏这四大问题，电网发展受到源网荷储四方面的集中挤压。

为了解决上述问题，推进电网由"源随荷动"转变为"源荷互动"，从"冗余保安全"转变为"降冗余促安全"，从"电力平衡"转变为"电量平衡"，从"保安全降效率"转变为"安全效率双提升"，是电力互联网向能源互联网转型的基础。

为此，国网浙江省电力公司创造性地提出了建设能源互联网形态下的多元融合高弹性电网，大幅提高全社会综合能效水平，推动全社会绿色低碳发展，并将其作为打造"努力成为国家电网建设具有中国特色国际领先的能源互联网企业的重要窗口"的主阵地，作为今后一段时间国网浙江电力工作的一条主线。

80. 什么是数字化电网？

答：数字化电网是电网垂直一体化的信息支撑平台，具有数据统一、指挥灵活、职责分明、信息反馈灵敏准确的特点，主要包含生产管理系统（MIS）、地理信息管理系统（GIS）、海拉瓦系统、智能污区管理系统、线路图纸数字化管理系统、GPS巡检管理系统、环境在线监测系统、设备状态监测评估体系等。

第二章

输变电设备状态信息和状态评价

1. 开展状态信息管理的意义是什么？

答：状态信息管理是状态评价与诊断工作的基础，涵盖设备信息收集、归纳和分析处理等全过程，应按照统一数据规范、统一报告模板、分级管理、动态考核的原则进行，落实各级设备状态信息管理责任，健全设备全过程状态信息管理工作机制，确保设备全寿命周期内状态信息的规范、完整和准确。

2. 状态信息包括哪些？

答：设备状态信息包括设备投运前信息、运行信息、检修试验信息、家族性缺陷信息四类。

3. 电网设备投运前信息包括哪些？

答：电网设备投运前信息主要包括设备技术台账、安装验收记录、试验报告、图纸等纸质和电子版资料。电网设备投运前信息见表 2－1。

表 2－1　　　　　　　　　　电网设备投运前信息

项目	收集内容
设备技术台账	设备双重名称、生产厂家、设备型号、出厂编号、生产日期、投运日期、设备详细参数（按生产 MIS 系统要求）、设备铭牌、外观照片、设备招标规范、订货技术协议、产品说明书及安装维护使用手册、产品组装图及零部件图、产品合格证、质保书、备品备件清单
安装验收记录	土建施工安装记录、设备安装记录、设备调试记录、隐蔽工程图片记录及监理记录、监理报告、三级验收报告、竣工验收报告

续表

项目	收集内容
试验报告	型式试验报告、出厂试验报告、交接试验报告、启动调试报告
图纸	主接线图、线路路径图、定位图、基础、构支架、土建图纸、设备安装组装图纸、二次原理图、安装图、回路图

4. 输电设备投运前信息包括哪些?

答：输电设备投运前信息包括批准的路径图、征占地协议、拆迁协议、砍树协议、线路杆塔坐标、施工交底记录、复测记录、基础施工检查记录、杆塔组立检查记录、导地线压接检查记录、交叉跨越检查记录、架线施工检查记录、附件安装检查记录、接地施工及测量记录、线路测试报告、设计变更联系单、竣工图等。

5. 状态信息管理的要求是什么?

答：状态信息管理的要求是确保设备全寿命周期内状态信息的规范、完整和准确。状态信息收集应按照"谁主管、谁收集"的原则进行，并应与调度信息、运行环境信息、风险评估信息等相结合。为保证设备全寿命周期内状态信息的完整和安全，应逐年做好历史数据的保存和备份。状态信息的及时、完整、真实、有效是开展设备状态检修工作的基础。

6. 简要说明电网设备状态检修投运前信息管理要求。

答：电网设备状态检修投运前信息由供电单位生产技术部门组织协调收集，设备投运后由基建、物资等部门移交生产。其中，设备技术台账、新扩建工程有关图纸等信息由运维单位收集并录入生产管理信息系统，出厂试验报告、交接试验报告、安装验收记录等信息由检修试验单位收集并录入生产管理信息系统。

设备的原始资料应按照档案管理相关规定妥善保管。

7. 电网设备运行信息包括哪些？

答：电网设备运行信息主要包括设备巡视、维护、故障跳闸、缺陷记录，在线监测和部分带电检测数据，以及不良工况信息等。电网设备运行信息见表 2－2。

表 2－2　　　　　　　电网设备运行信息

项目	收集内容
巡视	设备外观检查、设备运行振动与声响、设备负荷情况、设备表计指示、位置指示、设备测温情况、设备阀门位置、切换开关投切位置
维护	设备停送电操作记录、设备维护记录
缺陷	缺陷时间、缺陷部位及描述、缺陷程度、缺陷原因分析、消缺情况
故障跳闸	故障前设备运行情况、故障前负荷情况、短路电流水平及持续时间、开关动作情况及跳闸次数、保护动作情况、故障原因分析
在线监测	油色谱在线监测数据、避雷器在线监测数据、容性设备在线监测数据、高压开关（GIS设备）在线监测数据、设备污秽在线监测数据、其他在线监测数据
带电检测数据	避雷器带电测试数据、不停电取油（气）样试验数据、其他带电检测数据
不良工况	收集高温、低温、雨、雪、台风、沙尘暴、地震、洪水等信息资料

8. 简要说明电网设备状态检修运行信息管理要求。

答：电网设备状态检修运行信息由设备运维单位负责收集、整理，并录入生产管理信息系统。其中，设备巡视、操作维护、缺陷记录、在线监测和带电检测数据由运行维护单位收集和录入，故障跳闸、不良工况等信息从调度、气象等相关部门获取后录入生产管理信息系统。

9. 电网输变电设备检修试验信息包括哪些？

答：电网输变电设备检修试验信息主要包括例行试验报告、诊断性试验报告、专业化巡检记录、缺陷消除记录及检修报告等。输变电设备检修试验信息见表 2-3。

表 2-3　　　　　　　　输变电设备检修试验信息

项目	收 集 内 容
输电部分	线路检修记录、线路缺陷记录、输电线路外部隐患处理记录、绝缘子测试记录、导线弧垂、限距和交叉跨越距离测量记录、导线连接器测试记录、杆塔倾斜测量记录、导线覆冰、舞动观测记录、杆塔接地电阻测试记录、杆塔及其附属构件（部件）金属锈蚀情况检查（处理）记录、架空输电线路盐密、灰密测试记录等
变电部分	设备检修预试记录、缺陷消除记录、异常障碍分析、事故分析、反措执行情况、检修试验、高压试验及油、气化验等专业例行试验报告、诊断性试验报告、专业化巡检记录、缺陷消除记录及检修报告等

10. 简要说明电网设备检修试验信息的管理要求。

答：电网设备检修试验信息由检修试验单位负责收集、整理，并录入生产管理信息系统，如设备返厂检修，应从设备制造厂家获取检修报告和相关信息后录入生产管理信息系统。例行试验报告、诊断性试验报告、专业化巡检记录、缺陷消除记录及检修报告等信息应数据准确、结论正确、报送及时。

11. 电网设备信息录入有无时间要求？各类信息的时限要求是什么？

答：电网设备信息录入有时间要求。各类信息的时限要求如下：

（1）对于新投运输变电设备，在设备投运并移交生产后一个月内将有关资料录入生产管理信息系统。

（2）运行信息应在当日录入生产管理信息系统。

（3）检修试验信息应在检修试验工作结束后一周内录入生产管理信息系统。

（4）家族性缺陷信息在公开发布一个月内，应完成生产管理信息系统中相关设备状态信息的变更和维护。

（5）设备及其主要元部件发生变更后，应在一个月内完成生产管理信息系统中相关信息的更新。

12. 设备状态信息收集工作分几个阶段？

答：按照电网设备状态检修管理标准要求，设备状态信息收集工作共划分为五个阶段，包括班组信息收集和录入、工区信息审核和上报、供电单位信息审核和汇总、公司信息检查、发布和考核等。设备状态信息收集工作流程如图 2-1 所示。

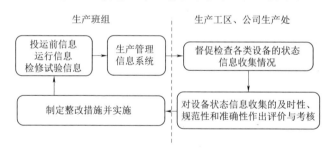

图 2-1 设备状态信息收集工作流程

13. 什么是家族性缺陷？

答：家族性缺陷指经管理部门认定的同厂家、同型号、同批次设备（含主要元器件）由于设计、材质、工艺共性因素导致的设备缺陷。如果设备发生这类缺陷，经确定具有同一设计、材质、工艺的其他设备，不论设备当前是否可检出同类缺陷，在这种缺陷隐患被消除之前，都称为有家族性缺陷设备。

14. 家族性缺陷的"家族"仅局限于"同厂同批次"吗?

答：不限于。同厂同批次的同类缺陷当然是家族性缺陷，但如果缺陷是由于同一设计导致的，而这一设计可能在多个厂生产，这些厂生产的设备也都属于有家族性缺陷的设备。还有一种情况就是，虽然设备类型不同，但如果使用的是存在缺陷的同一个厂家或型号的绝缘纸或油，也属于绝缘类家族性缺陷的设备。

15. 简要说明电网设备状态检修设备家族性缺陷信息的管理要求。

答：家族性缺陷按照《电网设备家族性缺陷管理办法》（Q/ND 20502　0401）认定、发布。各运维单位应在家族性缺陷公开发布后，负责完成生产管理信息系统中相关设备状态信息的变更。同类型设备参考数据及家族性缺陷信息的收集应完整、规范。

16. 家族性缺陷信息包含哪些?

答：家族性缺陷信息包括设备类型、家族性缺陷设备相关要素（制造厂、结构、组部件及用材、产品生产时间、批次等）、对设备状态的影响（扣分值）、家族性缺陷处理意见等。

17. 电网设备家族性缺陷的认定、发布与管理要求是什么?

答：（1）当发现可能由设计、材质、工艺等共性因素导致的设备缺陷、异常和故障等情况时，要及时把设备疑似家族性缺陷和设备相关信息上报。

（2）收集和汇总国内相关信息，当发现相同或相似的情况发生两次及以上时，应进行家族性缺陷认定工作，确保家族性缺陷认定的及时性。

（3）根据设备缺陷情况、试验诊断报告或解体检查情况，进行设备家族性缺陷认定。根据输变电设备状态评价导则，确定设备评价权重系数和劣化程度，提出家族性缺陷处理意见。制订家族性缺陷处理方案时，可邀请相关设备制造厂人员参加，处理意见应包括原因分析和处理方案。

（4）家族性缺陷信息应向相关设计、招投标、物资采购、基建、运行维护、电科院等部门和单位发布。

（5）对存在家族性缺陷的设备实行动态管理。运维单位收到家族性缺陷发布信息后，按照电网设备状态评价工作标准，及时对本单位相关设备进行状态评价，制订并落实处理方案，并将评价结果上报。在设备家族性缺陷处理后，及时进行设备状态评价。

18. 电网设备家族性缺陷管理的流程包括哪些？

答：家族性缺陷管理程序包括信息收集汇总、缺陷认定、缺陷处理意见、缺陷信息发布和相关设备状态重新评价。设备家族性缺陷管理流程如图 2-2 所示。

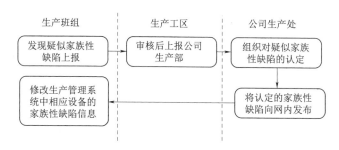

图 2-2 设备家族性缺陷管理流程

19. 电网设备缺陷技术原因有哪些？

答：电网设备缺陷技术原因包括操作机构、发热、密封、机械部件、绝缘、构架、基础、接地、试验数据超标和其他。例如，当设备缺陷描述的具体原因为过负荷过热、散热不良过热、接触不良过热、通风不良过热、漏磁过热、堵塞过热和其他类型过热中的任何一种或几种，设备缺陷的技术原因都归为发热；当设备缺陷描述的具体原因为进水、进气、漏油、漏气、漏胶、密封圈老化和其他同类缺陷中的任何一种或几种，设备缺陷的技术原因都归为密封。

20. 什么是设备缺陷？

答：设备缺陷是指运行中的电网设备发生的异常或存在的隐患。这些异常或隐患将影响人身、设备和电网安全，电网和设备的可靠经济运行，设备出力或寿命以及电能质量等。

21. 设备缺陷分为哪几类？

答：按照设备缺陷标准库的定义，输变电设备缺陷按照其严重程度分为危急缺陷、严重缺陷、一般缺陷。《带电设备红外诊断应用导则》（DL/T 664—2016）中把"危急缺陷"改为"紧急缺陷"。

22. 什么是危急缺陷？

答：危急缺陷是指电网设备在运行中发生了偏离且超过运行标准允许范围的误差，直接威胁安全运行并需立即处理，否则，随时可能造成设备损坏、人身伤亡、大面积停电、火灾等事故的缺陷。如油浸式变压器绕组电阻不合格时，试验数据严重超标，无法继续运行，为危急缺陷。

23. 什么是严重缺陷？

答：严重缺陷是指电网设备在运行中发生了偏离且超过运行标准允许范围的误差，对人身或设备有重要威胁，暂时尚能坚持运行，不及时处理有可能造成事故的缺陷。如油浸式变压器绕组电阻不合格时，试验数据超标，可短期维持运行，为严重缺陷。

24. 什么是一般缺陷？

答：一般缺陷是指电网设备在运行中发生了偏离运行标准的误差，尚未超过允许范围，在一定期限内对安全运行影响不大的缺陷。也可以说是除上述危急、严重缺陷以外的设备缺陷，指性质一般，情况较轻，对安全运行影响不大的缺陷。如油浸式变压器绕组电阻不合格时，试验数据超标，仍可以长期运行，为一般缺陷。

25. 简述变压器箱体发热缺陷分类标准。

答：根据《带电设备红外诊断应用导则》（DL/T 664—2016），确定变压器箱体发热缺陷分类标准，见表 2-4。

表 2-4　　　　　　变压器箱体发热缺陷分类标准

缺陷描述	热像特征	故障特征	分类依据	缺陷分类
变压器箱体发热	以箱体局部表面过热为特征	漏磁环（涡）流现象	发热诊断依据：相对温差 $\delta \geq 35\%$，但热点温度未达到严重缺陷温度值	一般
			发热诊断依据：$105℃ \geq$ 热图像的热点温度 $\theta \geq 85℃$	严重
			发热诊断依据：热图像的热点温度 $\theta > 105℃$	危急（紧急）

26. 简述接头和线夹发热缺陷分类标准。

答：根据《带电设备红外诊断应用导则》（DL/T 664—2016），确定设备接头和线夹发热缺陷标准，见表 2-5。

表 2 - 5　　　　　　　接头和线夹发热缺陷

缺陷描述	分 类 依 据	缺陷分类
连接端子、接头、线夹及引流线发热	发热诊断依据：相间温差不超过 15K，未达到严重缺陷要求的	一般
	发热诊断依据：热图像的热点温度 $\theta \geqslant 90℃$ 或相对温差 $\delta \geqslant 80\%$	严重
	发热诊断依据：热图像的热点温度 $\theta \geqslant 110℃$ 或相对温差 $\delta \geqslant 95\%$	危急（紧急）

27. 简述设备渗漏油缺陷分类标准。

答：根据《带电设备红外诊断应用导则》（DL/T 664—2016），确定设备渗漏缺陷标准，见表 2 - 6。

表 2 - 6　　　　　　　设 备 渗 漏 缺 陷

缺陷描述	分 类 依 据	缺陷分类
漏油	漏油速度每滴时间 $t \geqslant 5s$，且油位正常	一般
漏油	漏油速度每滴时间 $t < 5s$，且油位正常	严重
漏油	漏油形成油流；漏油速度每滴时间 $t < 5s$，且油位低于下限	危急
渗油	轻微渗油，未形成油滴，且油位正常	一般
渗油	严重渗油，未形成油滴，且油位正常	严重

28. 电网设备缺陷管理的基本原则是什么？

答：（1）设备缺陷管理必须坚持及时消缺和"三不放过"的原则（缺陷原因未查明不放过、缺陷没有得到彻底处理不放过、同类设备同一原因的缺陷没有采取防范措施不放过），做到控制源头、及时发现、及时消除。

（2）设备运维单位应规范生产管理信息系统应用，提高设备缺陷的处理效率和设备缺陷信息的准确性，强化监督考核、统计分析的功能，切实提升设备状态检修工作质量。

（3）缺陷管理的各个环节必须做到分工明确，责任到人。

29. 输变电设备缺陷处理的一般时限要求是什么？

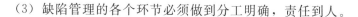：危急缺陷应立即安排处理，且不应超过 24h；严重缺陷处理时限不超过 1 个月；一般缺陷处理时限原则上不超过 6 个月。

30. 缺陷管理环节的缺陷延期是指什么？

答：在缺陷管理环节，缺陷延期是指由于系统运行方式、物资到货等原因导致不能在规定时间内处理完的严重缺陷或一般缺陷，设备检修部门可以向生产技术部门提出延期申请，通过审核批准后，可将缺陷延期处理。

31. 特殊情况下输变电设备缺陷如何进行延时处理？

答：（1）对于因停电或影响电网运行原因造成的消缺延时，须先提交调度部门会签。调度部门在收到延时申请后，严重缺陷在 24h 内，一般缺陷在 48h 内，完成对延时申请的会签。

（2）对于因物资供应造成的消缺延时，须先提交物资部门审核。物资部门在收到延时申请后，严重缺陷在 24h 内，一般缺陷在 48h 内，完成对延时申请的会签。

（3）已批准作延时处理的设备缺陷，信息系统应自动加注缺陷延时处理情况，消缺时间以审批后的处理时间为限。

32. 输变电设备各类缺陷的延期管理要求是什么？

答：危急缺陷的处理不允许延期；严重缺陷最长可以延时 7 天处理；一般缺陷的延期申请必须在处理期限到达 7 个工作日前提出。缺陷延期只能允许一次，延期时限不超过 6 个月。

33. 缺陷管理环节的缺陷降级是指什么？

答：在缺陷管理环节，缺陷降级是指对上报的危急缺陷和严重缺陷经过一定的处理（包括通过调整缺陷设备的运行方式），使其危急程度有所下降，但未能达到彻底消除的情况，通过缺陷归口管理部门审核批准后，可将缺陷级别降低。对批准降级的设备缺陷，按降级后的缺陷类别重新安排处理。

34. 缺陷管理环节的缺陷升级是指什么？

答：在缺陷管理环节，缺陷升级是指当设备缺陷状况进一步劣化，由运行部门提出，归口管理部门认定后对缺陷作升级处理，即提高缺陷设备的危急程度。

35. 输变电设备危急缺陷如何进行处理？

答：运行管理部门在汇报危急缺陷的同时，应加强监视并设法限制缺陷的发展，并将缺陷发展情况及时汇报生产技术部门；缺陷处理部门在接到危急缺陷通知后，应立即组织相关人员进行处理；需停电处理的，由运行管理部门向当值调度员提出停电申请，调度部门应及时进行安排。

36. 输变电设备严重缺陷如何进行处理？

答：缺陷处理部门在接到严重缺陷通知后，应尽快在规定时间内安排处理；需停电处理的，由缺陷处理部门在缺陷处理的规定时间内办理相关手续，并通知运行管理部门配合消缺工作。

37. 输变电设备一般缺陷如何进行处理？

答：缺陷处理部门在接到一般缺陷通知后，应在规定时间内组织处理；需停电处理的，缺陷处理部门可将此项缺陷的消缺计划列入停电计划安排处理，或配合第一次停电时安排处理。

38. 新投运一年的设备发生缺陷如何处理？

答：新投运一年的设备发生缺陷，若是因建设质量问题导致的设备故障或异常事件，由建设管理单位组织处理。土建部分按照《建设工程质量管理条例》（国务院令279号）第40条规定，由建设管理单位组织处理。若建设单位难以组织在规定时限内完成缺陷处理，也应确定消缺方案，明确消缺时限，报本单位主管领导审核批准；若在本单位内部不能解决时，应报上一级主管部门审核批准。

39. 缺陷管理过程中消缺率和消缺及时率如何计算？

答：消缺率和消缺及时率按以下公式计算：

$$消缺率 = \frac{消除的缺陷数量}{统计期间存在、发现的缺陷总数}$$

$$消缺及时率 = \frac{按时完成消缺的缺陷数量}{应消除的缺陷总数}$$

40. 变压器各类缺陷的相关状态量有哪些？

答：变压器各类缺陷的相关状态量见表2-7。

表2-7 变压器各类缺陷的相关状态量

序号	变压器缺陷	缺陷诊断的方法和内容	诊断的关键点
1	绝缘受潮	色谱分析、绝缘电阻吸收比和极化指数，介损，油含水量、含气量、击穿电压和体积电阻率，局部绝缘的介损，铁芯绝缘电阻和介损	绝缘的介损升高、绝缘油含水量超标
2	铁芯过热	油色谱（CO和CO_2增长不明显），铁芯外引接地处电流，空载试验，铁芯绝缘电阻和介损	测试铁芯外引接地电流，确认是否多点接地，不能排除铁芯段间短路
3	磁屏蔽放电和过热	油色谱（总烃升高，早期乙炔比例较高，后期以总烃为主），测试局部放电的超声波，排除电流回路过热	局部放电的超声波测量值与负荷电流密切有关

输变电设备状态检修技术问答

续表

序号	变压器缺陷	缺陷诊断的方法和内容	诊断的关键点
4	零序磁通引起铁芯夹件过热	油色谱（CO 和 CO_2 增长不明显），铁芯外引接地处电流，空载试验，铁芯绝缘电阻和介损	在排除铁芯多点接地和段间短路后，对于全星形或带稳定绕组的全星形变压器，要多加注意
5	电流回路过热	油色谱（注意 CO 和 CO_2 的增长是否明显），绕组直流电阻，低电压短路试验	绕组直流电阻增大
6	无载分接开关放电和过热	油色谱（CO 和 CO_2 增长不明显，有时乙炔比例较高），绕组直流电阻，测试局部放电超声波	局部放电的超声波值高与分接开关的位置相关；绕组直流电阻增大
7	绕组变形	油色谱，低电压空载和短路试验，变比，频响试验，绕组绝缘介损和电容量	绕组短路阻抗或频响变化和电容量测试
8	绕组匝层间短路	油色谱，低电压空载和短路试验，变比，绕组直流电阻试验	低电压空载和短路试验，变比测试
9	局部放电	油色谱，绕组直流电阻，变比，低电压空载和短路试验，油的全面试验，包括带电度、含气量和含水量等，运行中局部放电超声波测量，现场局部放电试验	先确认是否油流放电；运行中局部放电超声信号强度是否与负荷密切有关；现场局部放电施加电压不宜超过额定电压
10	油流放电	绕组中性点油流静电电流，油色谱、带电度、介损、含气量、体积电阻率和油中含铜量等，额定电压下的局部放电（包括超声波测试）	油带电度等特性试验，油流带电试验
11	电弧放电	油色谱，绕组直流电阻，变比，低电压空载和短路试验	是否涉及固体绝缘
12	悬浮放电	油色谱，绕组直流电阻，变比，低电压空载和短路试验，电压不高的感应和外施电压下局部放电试验，运行中局部放电超声波测量	是否涉及固体绝缘；是否与负荷密切相关

序号	变压器缺陷	缺陷诊断的方法和内容	诊断的关键点
13	绝缘老化	油色谱，油中糠醛、介损、含气量和体积电阻率，绕组绝缘电阻和介损	油中糠醛、聚合度
14	绝缘油劣化（区别受潮）	油色谱，油介损、含水量、击穿电压、含气量和体积电阻率，绕组绝缘电阻和介损（绕组间和对地分别测试），铁芯对地绝缘电阻和介损	涉及固体绝缘多的介损大，而涉及绝缘油多的介损小，特别是铁芯对地介损小，可判断油劣化
15	变压器轻瓦斯频繁动作（冷却器进空气）	油和瓦斯气色谱	油和瓦斯气色谱正常，仅氢气稍高

41. 如何对变压器过热性缺陷原因进行分析判断?

：对变压器过热性缺陷原因进行分析判断的方法见表 2-8。

表 2-8 　　　　　　　变压器过热性缺陷分析判断

序号	试验结果描述	停电测试项目	缺陷原因判断
1	C_2H_6、C_2H_4 增长较快，可能有 H_2 和 C_2H_2，CO 和 CO_2 增长不明显	空载损耗试验异常增大；1.1 倍过励磁试验下油色谱有明显的增长	铁芯短路
2	C_2H_6、C_2H_4 增长较快，可能有 H_2 和 C_2H_2，CO 和 CO_2 增长不明显	运行中用钳形电流表测量铁芯接地电流，大于 100 mA；停电检测铁芯绝缘电阻，绝缘电阻较低（如几千欧）	铁芯多点接地
3	C_2H_6 和 C_2H_4 增长较快，CO 和 CO_2 增长不明显	直流电组比上次测试的值有明显的变化	导电回路接触不良

续表

序号	试验结果描述	停电测试项目	缺陷原因判断
4	油中 C_2H_4、CO、CO_2 含量增长较快	分相低电压下的短路损耗明显增大	多股导线间短路
5	故障特征是低温过热逐渐向中温至高温过热演变，且油中 CO、CO_2 含量增长较快	1.1 倍的过电流会加剧它的过热，油色谱会有明显的增长	油道堵塞
6	油中 C_2H_6、C_2H_4 含量增长较快，有时会产生 H_2 和 C_2H_2	红外测温检查套管连接接头有否高温过热现象	导电回路分流
7	色谱呈现高温过热特征，总烃增长较快	直流电阻不稳定，并有较大的偏差；在较低的电压励磁下，也会持续产生总烃	结构件或磁屏蔽短路
8	色谱呈现高温过热特征，总烃增长较快	1.1 倍的过电流会使油谱会有明显的增长	漏磁回路的涡流绕组连接（或焊接）部分接触不良

42. 如何对变压器放电性缺陷原因进行分析判断？

答：对变压器放电性缺陷原因进行分析判断的方法见表 2-9。

表 2-9　　　　　　变压器放电性缺陷分析判断

序号	试验结果描述	辅助判断方法或停电测试项目	缺陷原因判断
1	色谱呈现高能放电特征，乙炔增长速度快	放低有载开关油位，停止调压，色谱特征气体不再增长；有载分接开关储油柜中的油位异常升高或持续冒油，或与主储油柜的油位趋于一致	有载分接开关泄漏
2	有少量 H_2、C_2H_2 产生，总烃稳步增长趋势	局放量超标	悬浮电位接触不良

54

序号	试验结果描述	辅助判断方法或停电测试项目	缺陷原因判断
3	C_2H_2 单项增高，油中带电度超出规定值	逐台开启油泵，测量中性点的静电感应电压或泄流电流，如长时间不稳定或稳定值超出规定值，则表明可能发生了油流带电现象	油流带电
4	具有局部放电，产生主要气体是 H_2 和 CH_4	油中金属微量测试若铁含量较高，表明铁芯或结构件放电，若铜含量较高，表明绕组或引线放电，局放超标	金属尖端放电
5	低能量密度局部放电，产生主要气体是 H_2 和 CH_4，油中含气量过大	检查气体继电器内的气体，取气样分析，如主要是氧和氮，表明是气泡放电	气泡放电
6	具有高能量电弧放电特征，主要气体是 H_2 和 C_2H_2	绝缘电阻会有下降的可能，油中金属铜微量测试可能偏大，局部放电量测试超标	分接开关拉弧、绕组或引线绝缘击穿
7	以 C_2H_2 为主，且通常 C_2H_4 含量比 CH_4 低	与变压器负荷电流密切相关，负荷电流下降，超声波值减小	油箱磁屏蔽接触不良

43. 如何对变压器绝缘受潮缺陷原因进行分析判断？

答：对变压器绝缘受潮缺陷原因进行分析判断的方法如下：

（1）缺陷原因判断：外部进水，绝缘受潮。

（2）试验结果描述：单 H_2 增长较快，油中含水量超标，油耐压下降，部件存在渗漏情况。

（3）辅助判断方法或停电测试项目：绝缘电阻下降，泄漏电流增大，变压器本体介质损耗因数增大。

44. 如何对变压器绕组变形缺陷原因进行分析判断?

答：对变压器绕组变形缺陷原因进行分析判断的方法如下：

（1）故障原因判断：短路冲击后，绕组发生严重变形。

（2）试验结果描述：阻抗增大，频响试验异常，电容量有变化，色谱异常。

（3）辅助判断方法或停电测试项目：在相同电压和负荷电流下，变压器的噪声或振动变大，运行中出口或近区短路情况。

45. 在输变电设备缺陷分类中设备类型、设备种类、部件、部件种类和部位的含义分别是什么?

答：在输变电设备缺陷分类中，输变电设备分层是按结构、功能、特性等进行逐级分层，依次分为设备类型、设备种类、部件、部件种类以及部位 5 层。

（1）设备类型是按照设备分类标准，分为主变压器、断路器、站用（接地）变、隔离开关和接地开关等 24 类。

（2）设备种类是设备类型的补充，根据设备的不同类型进行划分，如变压器分为油浸式变压器、干式变压器、SF_6 变压器。

（3）部件是设备中具有相对独立功能或作用的部分，如油浸式变压器的部件分为本体、非电量包含、分接开关、基础、接地装置、冷却系统和套管等。

（4）部件种类是部件的补充说明，根据部件的不同类型进行细分，如主变压器冷却系统的部件种类为风冷、强迫循环风冷、强油循环、自冷等。

（5）部位是指缺陷发生的具体位置，如风冷却系统的部位分为风扇、控制箱、冷却器、散热片（管）等。

46. 什么是输变电设备标准缺陷库?

答：输变电设备标准缺陷库是指对输变电设备在安装、调试、运行和运维阶段所发现的缺陷的汇总和规范化描述,由设备分层、缺陷描述、缺陷等级及分类依据四部分组成。

47. 输电线路用绝缘子家族性缺陷产生的原因有哪些?

答:输电线路用绝缘子家族性缺陷产生的原因包括瓷件微裂缝、吸湿性、热冻膨胀,玻璃绝缘子制造工艺造成的劣化,复合绝缘子外部结构设计违背标准、端部附件与硅橡胶及引拔棒三重结合界面密封不良、金属端部附件压缩工艺不当等。

48. 电网设备的不良工况有哪些?

答:电网设备的不良工况是指设备经受的、可能对设备状态造成不良影响的各种特别工况,包括高温、雷电、冰冻、洪涝等自然灾害、外力破坏等环境影响,以及超温、过负荷、外部短路等工况。如变压器的不良工况包括侵入波、过负荷(过热)、过励磁、近区短路等;开关设备的不良工况包括频繁操作、开断短路电流等;支柱瓷绝缘子的不良工况包括频繁操作、地震等。

49. 输电线路遭受的不良工况有哪些?

答:输电线路遭受的不良工况可分为异常运行环境和电网异常波动两类。属于异常运行环境的不良工况包括地震、洪涝、强风、雷击、高温、低温、冰雹、沙尘暴、雾霾、舞动、覆冰、山火等;属于电网异常波动的不良工况包括过负荷、外部短路、操作过电压、雷电过电压等。

50. 输电线路遭受的不良工况等级如何划分?

答:输电线路遭受的不良工况等级根据外部应力的强度、累积次数、持续时间等因素进行划分,从轻到重可分为Ⅰ级、Ⅱ级和Ⅲ级。

（1）强风不良工况分级如下：

1）Ⅰ级不良工况：经历了最大风力 8～9 级。

2）Ⅱ级不良工况：经历了最大风力 10～11 级。

3）Ⅲ级不良工况：经历了最大风力 12 级及以上。

（2）覆冰不良工况分级如下：

1）Ⅰ级不良工况：不超过设计覆冰值的 80%。

2）Ⅱ级不良工况：超过设计覆冰值的 80%，但不超过设计覆冰值。

3）Ⅲ级不良工况：超过设计覆冰值。

（3）过负荷不良工况分级如下：

1）Ⅰ级不良工况：最高负荷达到额定输送容量的 80%，且持续一天以上。

2）Ⅱ级不良工况：最高负荷达到额定输送容量的 90%，且持续一天以上。

3）Ⅲ级不良工况：最高负荷超过额定输送容量的 110%，且持续一天以上。

51. 简述输电线路遭受的不良工况后的检查时限。

答：输电线路遭受的不良工况后的检查时限要求如下：对于Ⅰ级不良工况，要求适时开展检查，一般建议一个月内完成；对于Ⅱ级不良工况，要求尽快开展检查，一般建议半个月内完成；对于Ⅲ级不良工况，要求立即开展检查，一般建议一周内完成。

52. 输电线路遭受的不良工况后的检查要求有哪些?

答：目前，输电线路遭受的不良工况主要是过负荷不良工况和覆冰不良工况。

输电线路遭受过负荷不良工况，可以分为三级，每一级的检查要求各不相同，具体要求如下：Ⅰ级不良工况需要进行外观检查和红外热像检测；Ⅱ级不良工况需要进行交叉跨越距离测量；Ⅲ级不良工况需要进行导线弧垂检测。

输电线路遭受的覆冰不良工况的检查要求如下：外观检查；红外热像检测；接地线检测；瓷质绝缘子零（低）值检测，发现存在危急、严重缺陷时，应及时转入设备缺陷处理环节。

53. 输电线路的特殊区段是指哪些区段？

答：输电线路的特殊区段是指线路设计及运行中不同于其他常规区段、经超常规设计建设的线路区段。特殊区段包括以下区域：大跨越区、多雷区、重污区、重冰区、微地形区、气象区、采动影响区。

54. 什么是状态评价？

答：状态评价是开展状态检修的核心，应通过持续开展设备状态跟踪监视，综合停电试验、带电检测、在线监测等各种技术手段，对设备/线路进行评价，准确掌握设备运行状态和健康水平。

55. 如何进行设备的状态评价？

答：进行设备的状态评价时，首先应该基于巡检及例行试验、诊断性试验、在线监测、带电检测、家族缺陷、不良工况等状态信息，包括其现象强度、量值大小以及发展趋势，再结合与同类设备的比较，最后做出综合判断。

56. 输电线路状态评价应注意什么？

答：输电线路的状态评价是以单条线路为单元，支线和"T"接线应包括在主干线路之内。

57. 什么是设备的风险评估？

答：设备的风险评估是指按照电网设备风险评估导则的要

求，结合设备状态评价结果，综合考虑安全性、经济性和社会影响等三个方面的风险，确定设备风险程度的工作。风险评估与设备定期评价同步进行。

58. 如何对电网生产设备开展风险评估？

答：风险评估工作由运维单位生产技术部门组织，财务部门、市场营销部门、安全监察部门、调度部门等部门共同参与，科学合理确定设备风险水平。财务部门负责确定设备的价值；市场营销部门负责确定设备的供电用户等级；安全监察部门负责确定设备的事故损失预估；调度部门负责确定设备在电网中的重要程度及事故影响范围。

59. 电网设备状态评价有哪些类别？

答：电网设备状态评价（含风险评估和检修决策）包括设备状态定期评价和设备状态动态评价。

60. 什么是电网设备状态定期评价？

答：电网设备状态定期评价是指每年为制定下年度电网设备检修计划或全面掌握春检预试后设备状况，集中组织开展的设备状态评价、风险评估和检修决策工作。定期评价每年不少于一次，由供电单位检修、运行工区共同进行评价。

61. 什么是设备状态动态评价？

答：设备状态动态评价指在设备运行期间，除定期评价以外，根据设备状况、运行工况、环境条件等因素，如果关键运行参数或指标超标，但尚未达到缺陷标准，综合设备状态量变化情况及设备其他信息对设备进行的评价。设备状态动态评价包括新设备首次评价、缺陷评价、不良工况评价、检修评价和特殊时期专项评价。

62. 什么是新设备首次评价？

答：新设备首次评价是指基建、技改、大修设备投运后，综合设备出厂试验信息、安装信息、交接试验信息以及带电检测数据、在线监测数据，对设备进行的评价。该项工作一般在设备投运后 1 个月内组织开展，并在 3 个月内完成，由检修工区进行。

63. 什么是缺陷评价？

答：缺陷评价包括运行缺陷评价和家族性缺陷评价。运行缺陷评价指发现运行设备缺陷后，根据设备相关状态量的改变，结合带电检测和在线监测数据对设备进行的评价；家族性缺陷评价指上级发布家族性信息后，对所辖范围内存在家族性缺陷设备进行的评价。该项工作一般在上级家族性缺陷发布后 2 周内完成，由供电单位运行工区、检修工区分别进行评价。

64. 什么是不良工况评价？

答：不良工况评价指设备经受高温、雷电、冰冻、洪涝等自然灾害和外力破坏等环境影响，以及超温、过负荷、外部短路等工况后，对设备进行的评价。该项工作一般在设备经受不良工况后 1 周内完成，由供电单位运行工区进行评价。

65. 什么是检修评价？

答：检修评价指设备经检修试验后，根据设备检修（A 类检修、B 类检修、C 类检修）及试验获取的状态量对设备进行的评价。该项工作一般在检修工作完成后 2 周内完成。由运维单位检修工区进行评价。

66. 什么是特殊时期专项评价？

答：特殊时期专项评价指各种重大保电活动、电网迎峰度夏（冬）前对设备进行的评价。该项工作一般在特殊时期到来时至少提前 1 个月完成，由运维单位检修工区评价。

67. 常说的三级评价是什么？

答：常说的三级评价是指班组评价、工区评价和供电单位评价，是设备状态评价的基础，其评价结果应能反映设备的实际状态。

68. 如何开展三级评价？

答：（1）班组评价。设备运行维护及检修专业班组通过对设备各状态量的分析和评价，确定设备状态级别（正常状态、注意状态、异常状态或严重状态），形成班组初评意见。班组初评意见应包括设备铭牌参数、投运日期、上次检修日期、状态量检测信息、状态评价分值、状态评价结论、班组检修决策初步意见等。生产工区应分别组织班组开展设备评价。

（2）工区评价。生产工区审核设备状态量信息及相关各专业班组的评价意见，并编制设备初评报告。设备初评报告内容应包括设备铭牌参数、投运日期、状态量检测信息、状态评价分值、状态评价结论及工区检修决策等。

（3）供电单位评价。供电单位组织相关专业管理人员对生产工区上报的设备初评报告进行审核，开展风险评估，综合相关部门意见编制本单位设备状态检修综合报告。设备状态检修综合报告内容应包括设备状态评价结果、风险评估结果、检修决策及审核意见等。

69. 设备状态定期评价工作流程是什么？

答：按设备运维范围建立各级评价工作流程。供电单位在完成三级评价的基础上，编制设备状态检修综合报告，对设备评价结果进行复核工作，并编制全网设备状态检修综合报告，报送公司生产技术部门。设备状态定期评价工作流程如图 2 - 3 所示。

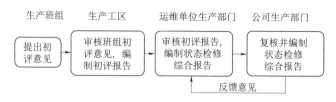

图 2 - 3　设备状态定期评价工作流程

70. 简述设备状态动态评价工作时限要求。

答：（1）新投运设备首次评价，应在设备投运后 1 个月内组织开展，并在 3 个月内完成。

（2）运行缺陷评价随缺陷管理流程完成。

（3）家族性缺陷评价在上级家族性缺陷发布后 2 周内完成。

（4）不良工况评价在设备经受不良工况后 1 周内完成。

（5）检修（A 类检修、B 类检修、C 类检修）评价在检修工作完成后 2 周内完成。

（6）特殊时期专项评价应根据电网和设备运行情况进行，至少提前 2 个月完成；电网迎风度夏、迎峰度冬专项评价原则上在 4 月底和 9 月底前完成。

71. 什么是绩效评估？

答：绩效评估是指通过运用科学的标准、方法和程序，对企业实施电网设备状态检修的体系运作有效性、策略适应性以及目标实现程度进行的评价。绩效评估可发现状态检修工作开展过程中存在的主要问题，实现状态检修工作的动态管理和持续改进。

72. 绩效评估工作的主要内容是什么？

答：绩效评估工作主要内容包括成立评估组织机构、制订评估计划、开展评估工作、编写上报评估报告及工作整改措施。评分情况分为四级，分别为优秀（85～100 分）、良好（75～84 分）、一般（60～74 分）、差（0～59 分）。状态检修绩效评估工作流程如图 2-4 所示。

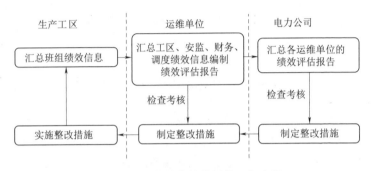

图 2-4　状态检修绩效评估工作流程

73. 绩效评估指标包含哪些内容？

答：（1）可靠性指标实现程度评估，包括 110(66)kV 及以上变压器、断路器（GIS）、输电线路的可用系数、重复计划停运率、强迫停运率、非计划停运率。

$$可用系数 = \frac{\sum 可用小时数}{\sum 统计期间小时数} \times 100\%$$

$$重复计划停运率 = \frac{\sum 重复计划停运次数}{\sum 统计百台年数或百公里年数} \times 100\%$$

$$强迫停运率 = \frac{\sum 强迫停运次数}{\sum 统计百台年数或百公里年数} \times 100\%$$

$$非计划停运率 = \frac{\sum 非计划停运次数}{\sum 统计百台年数} \times 100\%$$

（2）效益指标实现程度评估，包括 110(66)kV 及以上变压器、断路器（GIS）、输电线路分类年度安全效能成本指标。

74. 状态评价过程中的状态量是指什么？

答：对于设备而言，状态量一般是指直接或间接表征设备状态的各类信息，如数据、声音、图像、现象等。

对于线路而言，状态量一般是指反映线路状况的各种技术指标、试验数据和运行情况等参数的总称。

75. 设备状态评估过程中状态量可以分为几个等级？分别是什么？

答：设备状态评估过程中状态量分为一般状态量和重要状态量两个等级。

一般状态量是指对设备/线路的性能和安全运行影响相对较小的状态量。

重要状态量是指对设备/线路的性能和安全运行有较大影响的状态量。

76. 如何确定设备状态量？

答：根据每类设备的特点和运行工况，依据国家、行业、公司相关设备技术标准和设备制造商的技术资料，确定能反映设备健康水平的状态参数。科学、全面、正确地确定设备状态量是开展设备状态检修工作的前提。

77. 如何获取设备状态量信息？

答：通过查询历史资料、设备巡视、在线监测、带电检测、检修试验等手段获取反映设备健康状况的数据、记录等信息。

78. 设备或线路评价的状态可以分为哪些？

答：设备或线路评价的状态分为正常状态、注意状态、异常状态和严重状态。

（1）正常状态。正常状态表示设备或线路各状态量处于稳定且在规程规定的警示值、注意值以内，可以正常运行。

（2）注意状态。对于电网设备而言，表示单项或多项状态量变化趋势朝接近标准限值方向发展，但未超过标准限值，仍可以继续运行，应加强运行中的监视。对于线路而言，表示线路已经有部分重要状态量接近或略微超过标准值，应监视运行，并适时安排检修。

（3）异常状态。对于电网设备而言，表示单项重要状态量变化较大，已接近或略微超过标准限值，应监视运行，并适时安排停电检修。对于线路而言，表示线路已经有部分严重超过标准值线路，需要尽快安排停电检修。

（4）严重状态。严重状态表示设备或线路单项重要状态量严重超过标准限值，需要尽快安排停电检修。

79. 变电设备状态评价的状态量包括哪些资料？

答：变电设备评价的状态量包括原始资料、运行资料、检修资料和其他资料。

（1）原始资料主要包括铭牌参数、型式试验报告、订货技术协议、设备监造报告、出厂试验报告、运输安装记录、交接验收报告等。

（2）运行资料主要包括运行工况记录信息、历年缺陷及异常记录、巡检情况、不停电检测记录等。

（3）检修资料主要包括检修报告、例行试验报告、诊断性试验报告、有关反措执行情况、部件更换情况、检修人员对设备的巡检记录等。

（4）其他资料主要包括同型（同类）设备的运行、修试、缺陷和故障的情况，相关反措执行情况，其他影响变压器安全稳定运行的因素等。

80. 输电线路状态评价的状态量包括哪些资料？

答：输电线路状态评价的状态量包括原始资料、运行资料、检修资料和其他资料。

（1）线路的原始资料主要包括设计图、竣工图、安全技术协议、铭牌信息、型式试验报告、订货技术协议、设备监造报告、出厂试验报告、交接验收报告等（参见运行规范原始资料）。

（2）线路的运行资料主要包括运行工况、巡检情况、在线监测、历年缺陷和异常记录等信息。

（3）线路的检修资料主要包括检修报告、反措执行情况、设备技改及主要部件更换情况、检修人员巡检情况等信息。

（4）线路的其他资料主要包括检测报告、抽样试验报告，设备的运行、缺陷和故障的情况，其他影响线路安全稳定运行的因素（如通道、环境）等信息。

81. 输变电设备状态评价过程中的状态量权重如何划分？

答：输变电设备状态评价过程中的状态量权重视状态量按照安全运行的影响程度从轻到重分为四个等级，对应的权重分别为权重Ⅰ、权重Ⅱ、权重Ⅲ、权重Ⅳ，其系数为 1、2、3、4。权重Ⅰ、权重Ⅱ与一般状态量对应，权重Ⅲ、权重Ⅳ与重要状态量对应。

82. 状态评价过程中输变电设备状态量劣化程度是如何划分的？

答：状态评价过程中输变电设备状态量劣化程度从轻到重分为四级，分别为Ⅰ级、Ⅱ级、Ⅲ级和Ⅳ级。其对应的基本扣分值为 2 分、4 分、8 分、10 分。

83. 输变电设备状态评价过程中状态量应扣分值如何计算?

答:状态量应扣分值由状态量劣化程度和权重共同决定,即状态量应扣分值等于该状态量的基本扣分值乘以权重系数。状态量正常时不扣分。输变电状态量扣分值见表2-10。

表 2 - 10   输变电设备状态量应扣分值

状态量劣化程度 / 基本扣分值	权重系数 1	2	3	4
Ⅰ	2	2	4	6	8
Ⅱ	4	4	8	12	16
Ⅲ	8	8	16	24	32
Ⅳ	10	10	20	30	40

84. 在状态评价过程中设备部件或者线路单元是如何定义的?

答:在状态评价过程中,设备部件为设备上功能相对独立的单元。在线路单元是指根据线路的结构和特点,线路上功能和作用相对独立的同类设备的总称。

85. 简述变电设备状态评价方法。

答:变电设备状态评价分为部件评价和整体评价两部分。
设备的整体评价应综合其部件的评价结果。当所有部件评价为正常状态时,整体评价为正常状态;当任一部件状态为注意状态、异常状态或严重状态时,整体评价应为其中最严重的状态。

设备的部件评价结果按照设备评价的状态量扣分值与状态评价导则规定的确定评价结果。

86. 如何对变压器部件进行状态评价？

（答）：变压器部件的评价应同时考虑单项状态量的扣分和部件合计扣分情况，部件状态与评价扣分对应表见表 2 - 11。

若当任一状态量单项扣分不大于 10，且部件合计不大于正常状态合计扣分时，该设备状态视为正常状态。当任一状态量单项扣分或部件所有状态量合计扣分达到表 2 - 11 规定时，视为注意状态。当任一状态量单项扣分达到表 2 - 11 规定时，视为异常状态或严重状态。

表 2 - 11　　　　变压器部件状态与评价扣分对应表

部　件	正常状态		注意状态		异常状态	严重状态
	合计扣分	单项扣分	合计扣分	单项扣分	单项扣分	单项扣分
本体	≤30	≤10	>30	12～20	>20～24	>30
套管	≤20	≤10	>20	12～20	>20～24	>30
冷却系统	≤12	≤10	>20	12～20	>20～24	>30
分接开关	≤12	≤10	>20	12～20	>20～24	>30
非电量保护	≤12	≤10	>20	12～20	20～24	>30

87. 简述线路总体的状态评价方法。

（答）：当整条线路所有单元评价为正常状态，且未出现表 2 - 12 中所列的状况时，则该条线路总体评价为正常状态。

当所有单元评价为正常状态时，但出现表 2 - 12 中所列的状况之一，则该条线路总体评价为注意状态。当任一线路单元状态评价为注意状态、严重状态或危急状态时，架空输电线路总体状态评价应为其中最严重的状态。

表 2 - 12　　　　　　　线路注意状态情况列表

序号	状 态 量	状态量描述
1	钢筋混凝土杆裂纹情况	10%以上的钢筋混凝土杆出现轻微裂纹情况
2	铁塔锈蚀情况	10%以上的铁塔出现轻微锈蚀情况
3	塔材紧固情况	塔材出现松动情况
4	导地线锈蚀或损伤情况	导地线出现 5 处以上的轻微锈蚀或损伤情况
5	外绝缘配置与现场污秽度适应情况	外绝缘配置与现场污秽度不相适应，有效爬电比距比污区图要求值低 3mm/kV
6	盘形悬式绝缘子劣化情况	年劣化率大于 0.1%
7	复合绝缘子缺陷情况	早期淘汰工艺制造的复合绝缘子
8	连接金具家族性缺陷情况	由于设计或材料缺陷在运行中发生过故障
9	线路设计缺陷情况	线路设计考虑不周，致使线路多次发生同类故障或存在安全隐患

88. 线路单元的评价包含哪些内容?

答：线路单元的评价应同时考虑单项状态量的扣分和该单元所有状态量的合计扣分情况，线路单元状态评价标准见表 2 - 13。

表 2 - 13　　　　　　　线路单元评价标准

状态 线路单元	正常状态		注意状态		异常状态	严重状态
	合计扣分	单项扣分	合计扣分	单项扣分	单项扣分	单项扣分
基础	<14	≤10	≥14	12～24	30～32	40
杆塔	—	≤10	—	12～24	30～32	40
导地线	<16	≤10	≥16	12～24	30～32	40
绝缘子	<14	≤10	≥14	12～24	30～32	40

状态\n线路单元	正常状态		注意状态		异常状态	严重状态
	合计扣分	单项扣分	合计扣分	单项扣分	单项扣分	单项扣分
金具	<24	≤10	≥24	12～24	30～32	40
接地装置	—	≤10	—	12～24	30～32	40
附属设施	<24	≤10	≥24	12～24	30～32	40
通道环境	—	≤10	—	12～24	30～32	40

当任一状态量单项扣分和单元所有状态量合计扣分同时符合表2-13中正常状态扣分规定时，视为正常状态。当任一状态量单项扣分或单元所有状态量合计扣分符合表2-13中注意状态扣分规定时，视为注意状态。当任一状态量单项扣分符合表2-13中异常状态或严重状态扣分规定时，视为异常状态或严重状态。

89. 在状态评价过程中设备部件和线路单元状态量如何进行扣分？

答：在状态评价过程中，设备的部件状态量评价按照设备状态评价导则规定的标准执行。当设备部件的状态量（尤其是多个状态量）发生变化，且不能确定其变化原因或具体部件时，应进行分析诊断，判断状态量异常的原因，确定扣分部件及扣分值。经过诊断仍无法确定状态量的异常原因时，应根据最严重情况确定扣分部件及扣分值。变压器套管状态量评价标准见表2-14。

表 2-14　　　　　变压器套管状态量

序号	评价状态量	劣化程度	基本扣分	判断依据	权重系数	扣分值（应扣分值×权重）	备注
1	外绝缘	Ⅳ	10	外绝缘爬距不满足要求，且未采取措施	3	30	

输变电设备状态检修技术问答

续表

序号	评价状态量	劣化程度	基本扣分	判断依据	权重系数	扣分值（应扣分值×权重）	备注
2	外观	I	2	瓷件有面积微小的脱釉情况或套管有轻微渗漏	4	8	
		IV	10	套管出现严重渗漏		40	
3	油位	II	4	油位低于正常油位的下限，油位可见	3	12	
		IV	10	油位低于正常油位的下限，油位不可见；油位高于正常油位的上限，可能由内渗引起		30	
4	油位计	I	2	油位指示不清晰	2	4	
		III	8	油位计外观破损		16	
5	其他	II	4	缺陷暂不影响运行	3	12	
		III	8	缺陷对设备运行造成影响，需尽快处理		24	
		IV	10	缺陷对设备运行造成影响，需立即处理		30	
6	绝缘电阻	I	2	主屏绝缘电阻小于10000MΩ 或末屏绝缘电阻小于 1000MΩ	3	6	
7	介损	III	8	介损值达到标准限值的 70%，且变化大于 30%	3	24	
		IV	10	介损超过标准要求		30	
8	电容量	III	8	与出厂值或前次试验值相比，偏差大于 5%	4	32	

序号	评价状态量		劣化程度	基本扣分	判断依据	权重系数	扣分值（应扣分值×权重）	备注
9	油中溶解气体分析	总烃	Ⅱ	4	总烃含量>150μL/L	3	12	色谱按评价标准最高扣分只扣1次
			Ⅲ	8	产气速率大于10%/月，且总烃含量介于100~150μL/L之间		24	
			Ⅳ	10	总烃含量大于150μL/L，且有增长趋势，且产气速率>10%/月		30	
		C_2H_2	Ⅱ	4	C_2H_2含量大于注意值	4	16	
		CO、CO_2	Ⅱ	4	CO含量有明显增长，产气速率>10%/月	2	8	
		H_2	Ⅱ	4	H_2含量>150μL/L	3	12	
10	套管发热		Ⅱ	4	相间温差不超过10K	3	12	参见DL/T 664
			Ⅲ	8	相对温差$\delta \geqslant 80\%$或热点温度>55℃		24	
			Ⅳ	10	相对温差$\delta \geqslant 95\%$或热点温度>80℃；整体温升偏高，且中上部温差大，或三相之间温差超过2~3K		30	
11	导电接头和引线发热		Ⅱ	4	相间温差不超过15K	3	12	
			Ⅲ	8	相对温差$\delta \geqslant 80\%$或热点温度>80℃		24	
			Ⅳ	10	相对温差$\delta \geqslant 95\%$或热点温度>110℃		30	

在确定线路单元状态量扣分时，应对该条线路所有同类设备的状态进行评价，但某状态量在线路不同地方出现多处扣分，不应将多处扣分进行累加，只取其中最严重的扣分作为该状态的扣分。

90. 输电线路运行状态分为哪几种状态类型？

答：输电线路运行状态指整条输电线路保持设计的技术参数，在自然环境中全天候耐受正常电力负荷和允许最高输送电力负荷的全工况运行状态。运行状态分为正常状态、注意状态、异常状态、严重状态四种状态类型。

91. 电缆线路的检修分为几类？各包含哪些内容？

答：电缆输电线路检修分为四类：A 类检修、B 类检修、C 类检修、D 类检修。其中 A、B、C 类是停电检修，D 类是不停电检修。各类检修的具体内容如下：

一、A 类检修

A 类检修是指电缆输电线路的整体解体性检查、维修、更换和试验。

（1）电缆更换。

（2）电缆附件更换。

二、B 类检修

B 类检修是指电缆输电线路局部性的检修，部件的解体检查、维修、更换和试验。

（1）主要部件更换及加装：①更换少量电缆；②更换部分电缆附件。

（2）其他部件批量更换及加装：①交叉互联箱更换；②更换回流线。

（3）主要部件处理：①更换或修复电缆线路附属设备；②修复电缆线路附属设施。

（4）诊断性试验。

（5）交流耐压试验。

三、C 类检修

C 类检修是指对电缆输电线路常规性检查、维护和试验。

（1）绝缘子表面清扫。

（2）电缆主绝缘绝缘电阻测量。

（3）电缆线路过电压保护器检查及试验。

（4）金具紧固检查。

（5）护套及内衬层绝缘电阻测量。

（6）其他。

四、D 类检修

D 类检修是指对电缆输电线路在不停电状态下的带电测试、外观检查和维修。

（1）修复基础、护坡、防洪、防碰撞设施。

（2）带电处理线夹发热。

（3）更换接地装置。

（4）安装或修补附属设施。

（5）回流线修补。

（6）电缆附属设施接地连通性测量。

（7）红外测温。

（8）环流测量。

（9）在线或带电测量。

（10）其他不需要停电试验项目。

92. 电缆输电线路的状态检修策略是什么？

答：（1）电缆输电线路的状态检修策略既包括年度检修计划的制订，也包括缺陷处理、试验、不停电的维修和检查等。检修策略应根据设备状态评价的结果动态调整。

（2）年度检修计划每年至少修订一次。根据最近一次设备的状态评价结果，考虑设备风险评估因素，并参考制造厂家的要求确定下一次停电检修时间和检修类别。在安排检修计划时，应协调相关设备检修周期，尽量统一安排，避免重复停电。

（3）对于设备缺陷，根据缺陷性质，按照缺陷管理相关规定处理。同一设备存在多种缺陷，也应尽量安排在一次检修中处理，必要时，可调整检修类别。

（4）C类检修正常周期与试验周期一致。

（5）不停电维护和试验根据实际情况安排。

93. 如何对 110(66)～500kV 电压等级电缆线路进行评价？

答：评价状态按扣分的大小分为正常状态、注意状态、异常状态和严重状态。扣分值与状态的关系见表 2-15。

当任一状态量的单项扣分和合计扣分同时达到表 2-15 规定时，视为正常状态。当任一状态量的单项扣分或合计扣分达到表 2-15 规定时，视为注意状态。当任一状态量的单项扣分达到表 2-15 规定时，视为异常状态或严重状态。

表 2-15　　110(66)～500kV 电压等级电缆线路评价标准

序号	部件	正常状态		注意状态		异常状态	严重状态
		合计扣分	单项扣分	合计扣分	单项扣分	单项扣分	单项扣分
1	电缆本体	≤30	<12	>30	12～16	20～24	≥30
2	线路终端	≤30	<12	>30	12～16	20～24	≥30
3	附属设施	≤30	<12	>30	12～16	20～24	≥30
4	中间接头	≤30	<12	>30	12～16	20～24	≥30
5	过电压保护器	≤30	<12	>30	12～16	20～24	≥30
6	线路通道	≤30	<12	>30	12～16	20～24	≥30

94. 如何对 35kV 电压等级电缆线路进行评价？

答：评价状态按扣分的大小分为正常状态、注意状态、异常状态和严重状态。扣分值与状态的关系见表 2-16。

当任一状态量的单项扣分和合计扣分同时达到表 2-16 规定时，视为正常状态。当任一状态量的单项扣分或合计扣分达到表 2-16 规定时，视为注意状态。当任一状态量的单项扣分达到表 2-16 规定时，视为异常状态或严重状态。

表 2 - 16　　　　　　35kV 电压等级电缆线路评价标准

序号	部件	正常状态		注意状态		异常状态	严重状态
		合计扣分	单项扣分	合计扣分	单项扣分	单项扣分	单项扣分
1	电缆本体	≤30	<12	>30	12~16	20~24	≥30
2	线路终端	≤30	<12	>30	12~16	20~24	≥30
3	中间接头	≤30	<12	>30	12~16	20~24	≥30
4	过电压保护器	≤30	<12	>30	12~16	20~24	≥30
5	线路通道	≤30	<12	>30	12~16	20~24	≥30

95. 线路什么情况下是属于正常状态？

（答）：线路正常状态是指线路各状态量处于稳定且在规程规定的警示值、注意值以内，未超出 DL/T 741、GB 50545 所规定的相关参数，其线路组部件或杆塔结构及通道外部环境存在的缺陷对线路的电气绝缘强度和机械强度影响较小，仍在安全区域运行的状态。

96. 线路什么情况下是属于注意状态？

（答）：线路注意状态是指线路运行状态部分参数已经接近了运行规程、设计规程、安全规程所规定相关参数最大允许值，其组件或部件损伤开始影响到线路的电气绝缘强度和结构机械强度，安全裕度开始降低，但仍可正常运行，缺陷继续发展可能演变为事故，需要监视运行的状态。

97. 线路什么情况下是属于异常状态？

（答）：线路异常状态是指线路重要运行状态量已部分异常，达到或轻微超出了运行规程、设计规程、安全规程所规定的技术参数，其组件或部件损伤已经影响了线路的电气绝缘强度和结构机械强度，使安全裕度明显下降，缺陷继续发展可能引发事故的运行状态，需要监视运行，并根据缺陷发展的危险度适时安排检修的状态。

98. 线路什么情况下是属于严重状态？

答：线路严重状态是指线路运行状态已经超出了运行规程、设计规程、安全规程所规定安全运行的技术参数，其电气组件或部件或线路结构的损伤已严重破坏了线路的电气绝缘强度和结构机械强度，使线路安全裕度严重丧失，缺陷短期发展可能引发事故的运行状态，需要全天候监视运行或采用在线监测，并根据缺陷发展的危险度及时安排检修的状态。

99. 什么是风险评估？

答：风险评估是指利用设备状态评价结果，综合考虑安全、环境和效益等三个方面的风险，确定设备运行存在的风险程度，为检修策略和应急预案的制订提供依据。风险评估应按照《输变电设备风险评估导则》的要求与设备定期评价应同步进行。

100. 状态检修中的风险是指什么？

答：一般来说，风险是指不好的结果产生的不确定性。对于状态检修而言，其包括的风险种类很多，可以有设备风险、财务风险、维修风险、管理风险等。这其中，处于最重要地位的是设备风险，其他风险都可以看作是由设备风险引起的。

101. 设备风险评估的意义是什么？

答：设备风险不单纯是设备发生故障时设备自身遭受的损失，它还和设备故障后导致的其他后果有关，比如说因绝缘油泄漏导致的环境污染、部件爆炸时对人身产生的伤害和系统减供等严重后果。此外，从企业的社会责任角度出发，还应该考虑由系统减供等方面因素引起的社会不安定情况。因此，设备风险是一个较为复杂的概念。设备风险评估时，不但要了解设备自身相关信息、状态信息、故障历史记录，还需要了解设备在电力网络中所处的地位和起到的作用，这样才能完整反映设备风险的大小。

102. 状态检修过程中风险值计算公式是什么？

答：风险评估以风险值为指标，综合考虑资产、资产损失程度及设备平均故障率三者的作用，进行评估。设备风险值计算公式为

$$R(t) = A(t)F(t)P(t)$$

式中 t——某个时刻；

$A(t)$——设备资产；

$F(t)$——资产损失程度；

$P(t)$——设备平均故障率；

$R(t)$——设备风险值。

对输变电设备而言，风险值计算公式中各参数计算可以进行一定的简化，其中：设备资产由设备价值、用户等级和设备地位三部分组成，资产损失程度由成本、安全和环境三部分组成。

103. 简述输变电设备风险评估流程。

答：风险评估在设备状态评价之后进行，通过风险评估，确定设备面临的及可能导致的风险，为状态检修决策提供依据。输变电设备风险评估流程如图 2-5 所示。

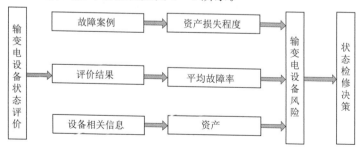

图 2-5 输变电设备风险评估流程

104. 风险评估过程中如何进行资产评估？

答：风险评估过程中进行设备资产评估时需考虑设备价值 A_1、用户等级 A_2 和设备地位 A_3 三个因素，每个因素再分成多个等级，取值范围为 0～10。随着用户的变化以及电网的发展，设备价值、用户等级和设备地位应进行相应的调整。不同的资产因素的权重 W_1、W_2、W_3 的设定依据是资产因素对资产影响的重要度。资产的计算公式为

$$A = W_1 A_1 + W_2 A_2 + W_3 A_3$$

式中 A——资产；

         A_1——资产的设备价值因素（取值为 1～3、4～7、8～10）；

         A_2——资产的用户等级因素（取值为 3、6、10）；

         A_3——资产的设备地位因素（取值为 1 或 3、4 或 6、8 或 10）；

W_1、W_2、W_3——资产因素的权重（取值为 0.4、0.3、0.3）。

105. 风险评估过程中设备平均故障率如何计算？

答：风险评估过程中，设备平均故障率的计算公式为

$$P = K \mathrm{e}^{-C I_{SE}}$$

式中 I_{SE}——设备状态评价分值；

      K——比例系数；

      C——曲率系数；

      P——设备平均故障率。

I_{SE} 值根据输变电设备状态评价系统中设备的状态确定，K、C 值对于不同的设备采用不同的经验值，见表 2-17。

表 2-17   不同设备类型系统中 K、C 值

序号	设备类型	K	C
1	油浸式主变		
2	SF₆主变	8640	0.15958
3	油浸式电抗器		
4	SF₆断路器	8806	0.143
5	GIS/HGIS	4613	0.264
6	隔离开关、接地开关	5360	0.216
7	电流互感器	4331	0.228
8	电压互感器	6950	0.198
9	金属氧化物避雷器	7130	0.173
10	耦合电容器	5653	0.238
11	架空输电线路	8640	0.15958
12	电缆	7130	0.173

106. 如何通过调度编码规则判定断路器的电压等级？

答：断路器调度编码规则如下：第一个数字表示电压等级，第二、第三个数字表示断路器用在什么位置，第三、第四个数字表示断路器代表站内同类型设备序列号。一般情况下 500kV 系统的开关用四位数字表示，其他电压等级开关用三位数字表示。

断路器调度号开头为 1，即一般为 110kV 断路器，如 112 断路器、151 断路器等。

断路器调度号开头为 2，即一般为 220kV 断路器，如 211 断路器、242 断路器等。

断路器调度号开头为 3，即一般为 35kV 断路器，如线路 325，主进 311，母联 301，电容器 330 等。

断路器调度号开头为 5，即一般为 500kV 断路器，如 5011 断路器、5003 断路器等。

断路器调度号开头为 6，即一般为 66kV 断路器，如 661 断路器、612 断路器等。

断路器调度号开头为 8，即一般为 20kV 断路器，如 851 断路器、8911 断路器等。

断路器调度号开头为 9，即一般为 10kV 断路器，如 901 断路器、9103 断路器。

107. 如何通过调度编码规则判定隔离开关的电压等级？

答：隔离开关调度编码规则如下：开关编号＋刀闸代号。

开关编号中第一位表示电压等级，数字 1 表示 110kV，数字 2 表示 220kV，数字 3 表示 35kV，数字 5 表示 500kV，数字 6 表示 66kV，数字 9 表示 10kV；第二/三位表示所属开关编号；第三/四位表示开关序号。

最后一位一般表示开关对应的刀闸的代号，0 表示中性点接地刀闸，1 表示接 1 号电动机的刀闸，2 表示接 2 号电动机的刀闸，6 表示线路出线刀闸、主变刀闸，7 表示接地刀闸，8 表示避雷器刀闸，9 表示电压互感器刀闸。

108. 变压器型号各字符的含义分别是什么？

答：变压器型号通常由表示相数、冷却方式、调压方式、绕组线芯等材料的符号，以及变压器容量、额定电压、绕组连接方式组成。变压器型号及其含义如下：

[1][2][3][4][5][6][7][8][9][10][11]-[12]-[13]/[14][15]

第 1 个字符表示绕组耦合方式：O 为自耦；独立方式不标。

第 2 个字符表示相数：S 为三相；D 为单相。

第 3 个字符表示绕组绝缘介质：变压器油不标；G 为空气（干式）；Q 为气体；C 为浇注式；CR 为包绕式；R 为高燃点绝缘液体；W 为植物油。

第 4 个字符表示绝缘系统温度，分油浸式和干式。油浸式：105℃不标；E 为 120℃；B 为 130℃；F 为 155℃；H 为 180℃；D 为 200℃；C 为 220℃。干式：E 为 120℃；B 为 130℃；空 155℃；H 为 180℃；D 为 200℃；C 为 220℃。

第 5 个字符表示冷却装置种类：自然循环冷却装置不标；F 为风冷却器；S 为水冷却器。

第 6 个字符表示油循环方式：自然循环不标；P 为强迫循环。

第 7 个字符表示绕组数：双绕组不标；S 为三绕组；F 为分裂绕组。

第 8 个字符表示调压方式：无载调压不标；Z 为有载调压。

第 9 个字符表示线圈导线材质：铜线不标；B 为铜箔；L 为铝线；LB 为铝箔；TL 为铜铝组合；DL 为电缆。

第 10 个字符表示铁芯材质：电工钢不标；H 为非晶合金。

第 11 个字符为损耗水平代号。

第 12 个字符表示特殊用途或特殊结构：M 为密封式；T 为无励磁调容用；ZT 为有载调容用；CY 为发电厂和变电所用；J 为全绝缘；LC 为同步电机励磁用；D 为地下用；F 为风力发电用；F（H）为海上风力发电用；H 为三相组合式；JT 为解体运输；K 为内附串联电抗器；G 为光伏发电用；ZN 为智能电网用；1E 为核岛用；JC 为电力机车用；GZ 为高过载用；R 为卷绕铁芯一般结构；RL 为卷绕铁芯立体结构。

第 13 个字符表示变压器容量：单位为千伏安（kVA）。

第 14 个字符表示变压器使用电压等级：单位为千伏（kV）。

第 15 个字符为特殊使用环境代号。

例如，SF11－20000/110 表示三相、油浸式、绝缘系数温度为 105℃、风冷、双绕组、无励磁调压、铜导线、铁芯材质为电工钢、绝缘水平为 11、20000kVA、110kV 级电力变压器；SCB10－500/10 表示三相、浇注式、绝缘系统温度为 155℃、自冷、双绕组、无励磁调压、高压绕组采用铜导线、低压绕组采用铜箔、铁芯材质为电工钢、绝缘水平为 10、500kVA、10kV 级干式电力变压器。

109. 电抗器型号各字符的含义分别是什么？

答：电抗器型号及其含义如下：

[1][2][3][4][5][6][7][8] –[9]/[10]–[11][12]

第 1 个字符表示形式：BK 为并联电抗器；CK 为串联电抗器；EK 为轭流式饱和电抗器；FK 为分裂电抗器；LK 为滤波电抗器（调谐电抗器）；NK 为混凝土电抗器；JK 为中性点接地电抗器；QK 为启动电抗器；ZK 为自饱和电抗器；TK 为调幅电抗器；XK 为限流电抗器；YK 为试验用电抗器；HK 为平衡电抗器；DK 为接地变压器（中性点耦合器）；PK 为平波电抗器；GK 为功率因数补偿电抗器；XH 为消弧线圈。

第 2 个字符表示相数：S 为三相；D 为单相。

第 3 个字符表示绕组外绝缘介质：变压器油不标；G 为空气（干式）；C 为成型固体。

第 4 个字符表示冷却装置种类：自然循环冷却装置不标；F 为风冷却器；S 为水冷却器。

第 5 个字符表示油循环方式：自然循环不标；P 为强迫循环。

第 6 个字符表示结构特征：铁芯不标；K 为空心；KP 为空心磁屏蔽；B 为半心；BP 为半心磁屏蔽。

第 7 个字符表示线圈导线材质：铜线不标；L 为铝线。

第 8 个字符表示特性：一般不标；D 为自动跟踪；Z 为有载调压；WT 为交流无级可调节；YT 为交流有级可调节；ZT 为直流无级可调节；T 为其他可调节。

第 9 个字符表示额定容量：单位为千乏（kvar）。

第 10 个字符表示系统标称电压：单位为千伏（kV）。

第 11 个字符表示①并联电抗器：中性点标称电压，单位为千伏（kV）；②串联电抗器：电抗率，%。

第 12 个字符表示特殊使用环境代号。

例如，CKDGKL－500/66－6 表示单相、干式、空心、自冷、铝导线、额定容量为 500kvar、系统标称电压为 66kV、电抗率为 6％的串联电抗器；KDFPYT－50000/500 表示单相、交流有级可调节、油浸式、风冷、强迫油循环、额定容量为50000kvar、系统标称电压为 500kV 的可控并联电抗器。

110. 断路器型号各字符的含义分别是什么？

答：断路器型号及其含义如下：

[1][2][3][4]－[5][6][7]/[8][9]－[10][11]

第 1 个字符表示产品名称：D 为断路器。

第 2 个字符表示灭弧介质和/或使用场所等：Y 为油；K 为空气；Z 为真空；L 为六氟化硫；N 为户内；W 为户外。

第 3 个字符表示设计序号：按产品型号证书发放的先后顺序用阿拉伯数字表示，由型号颁发单位统一编排。

第 4 个字符表示改进产品序号：在原型号的设计序号之后，按改进的先后顺序用 A、B、C、……表示，由型号颁发单位统一编排。

第 5 个字符表示额定电压：单位为 kV。

第 6 个字符表示一般派生产品标志：D 为带接地开关的断路器。

第 7 个字符表示特殊派生标志：是特殊使用条件的派生产品标志，用括号加大写字母表示：（TH）为湿热带地区；（TA）为干热带地区；（N）为凝露地区；（W）为污秽地区；（G）为高海拔地区；（H）为严寒地区；（F）为化学腐蚀地区，等等。

第 8 个字符表示操动机构类别：T 为弹簧；D 为电磁；Y 为液压；Q 为气动；Z 为重锤；J 为电动机；S 为人力。

第 9 个字符表示规格参数：是断路器的额定电流，单位为 A。

第 10 个字符表示特征参数：是其额定短路开断电流，单位为 kA。

第 11 个字符为企业自定符号。

111. 电流互感器型号各字符的含义分别是什么?

答：电流互感器型号及其含义如下：

[1][2][3][4][5][6][7][8][9][10]-[11][12]

第 1 个字符表示形式：L 为（电磁式）电流互感器；LE 为电子式电流互感器。

第 2 个字符表示用途：LL 为直流电流互感器；LP 为中频电流互感器；LX 为零序电流互感器；LS 为速饱和电流互感器。

第 3 个字符为电子式电流互感器的输出形式：模拟量输出不标；N 为数字量输出；A 为模拟量与数字量混合输出。

第 4 个字符表示电子式电流互感器型式：电磁原理不标；G 为光学原理。

第 5 个字符表示结构形式：电容型绝缘不标；A 为非电容型绝缘；R 为套管式（装入式）；Z 为支柱式；Q 为线圈式；F 为贯穿式（复匝）；D 为贯穿式（单匝）；M 为母线式；K 为开合式；V 为倒立式；H 为 SF_6 气体绝缘配组合电气用。

第 6 个字符表示绝缘特征：油浸绝缘不标；G 为干式（合成薄膜绝缘或空气绝缘）；Q 为气体绝缘；K 为绝缘壳；Z 为浇注成型固体绝缘。

第 7 个字符表示功能：不带保护级不标；B 为保护用；BT 为暂态保护用。

第 8 个字符表示结构特征：C 手车式开关柜用；D 为带触头盒。

第 9 个字符表示安装场所（仅使用于户外用的环氧树脂浇注产品）：（W）为户外。

第 10 个字符为设计序号。

第 11 个字符表示额定电压，单位为千伏（kV）。

第 12 个字符为特殊使用环境代号。

例如，LMZ - 10 表示母线式、浇注成型固体绝缘、10kV 级电流互感器。

112. 电压互感器型号各字符的含义分别是什么？

答：（1）普通电压互感器（不包括电容式电压互感器）型号及其含义如下：

[1][2][3][4][5][6][7][8]-[9][10]

第 1 个字符表示形式：J 为电磁式电压互感器；JE 为电子式电压互感器。

第 2 个字符表示用途：JZ 为直流电压互感器；JP 为中频电压互感器。

第 3 个字符表示电子式电压互感器的输出形式：模拟量输出不标；N 为数字量输出；A 为模拟量与数字量混合输出。

第 4 个字符表示电子式电压互感器形式：电磁原理不标；G 为光学原理。

第 5 个字符表示相数：D 为单相；S 为三相。

第 6 个字符表示绝缘特征：油浸绝缘不标；G 为干式（合成薄膜绝缘或空气绝缘）；Q 为气体绝缘；Z 为浇注成型固体绝缘。

第 7 个字符表示结构形式：一般结构不标；X 为带剩余（零序）绕组；B 为三柱带补偿绕组；W 为五柱三绕组；C 为串级式带剩余（零序）绕组；F 为有测量和保护分开的二次绕组；H 为 SF_6 气体绝缘配组合电气用；R 为高压侧带熔断器；V 为三相 V 连接。

第 8 个字符表示性能特征：普通型不标；K 为抗铁磁谐振。

第 9 个字符表示安装场所（仅使用于户外用的环氧树脂浇注产品）：（W）为户外。

第 10 个字符为特殊使用环境代号。

例如，JDCF - 110W1 表示单相、油浸式、串级式带剩余（零序）绕组、有测量和保护分开的双二次绕组、适用于 Ⅱ 级污染地区、110kV 级电压互感器。

（2）电容式电压互感器型号及其含义如下：

[1][2][3]-[4]/[5][6]

第 1 个字符表示型式：T 为成套装置；YD 为电容式电压互感器。

第 2 个字符表示绝缘特征：油浸绝缘不标；Q 为气体绝缘。

第 3 个字符为设计序号。

第 4 个字符表示额定电压：单位为千伏（kV）。

第 5 个字符表示额定电容：单位微法（μF）。

第 6 个字符为特殊使用环境代号。

例如，TYD220$\sqrt{3}$-0.005 表示单相、油浸式、额定电压为 220$\sqrt{3}$kV、额定电容量为 0.005μF 的电容式电压互感器。

113. 隔离开关和接地开关型号各字符的含义分别是什么？

答：隔离开关和接地开关型号及其含义如下：

[1][2][3]-[4]/[5]-[6]

第 1 个字符表示开关类型：G 为隔离开关；J 为接地开关。

第 2 个字符表示放置位置：N 为户内式；W 为户外式。

第 3 或 4 个字符表示设计序号或额定电压：单位为千伏（kV）。

第 5 或 6 个字符表示设备附属信息：K 为带快分装置；G 为改进型；D 为带接地刀闸。

"/" 后数字表示额定电流：单位为安（A）。

例如，GN19-12/S400-12.5 表示额定电压为 12V、额定电流为 400A、额定短时耐受电流为 12.5kA 的户内式隔离开关。

114. 避雷器型号各字符的含义分别是什么？

答：避雷器型号及其含义如下：

[1][2][3][4][5]-[6]/[7]

第 1 个字符表示外套类型：H 为复合外套；其他形式不标。

第 2 个字符表示避雷器类型：Y 为氧化锌避雷器。

第 3 个字符表示标称放电电流：单位为千安（kA）。

第 4/5 个字符表示：W 为无间隙；Z 为电站型；S 为配电型。

第 6 个字符表示额定电压：单位为千伏（kV）。

第 7 个字符表示雷电冲击残压：单位为千伏（kV）。

例如，型号 Y10W2 - 200/520 中：Y 表示氧化锌避雷器，10 表示标称放电电流，W 表示无间隙，2 表示设计序号，200 表示避雷器的额定电压，520 表示在标称放电电流下的最大残压。

115. 母线型号各字符的含义分别是什么？

答：网内常用硬母线分为以下几种：

（1）铜质硬母线，即铜排：TMY（T 为铜、M 为母线、Y 为硬质）。

（2）铝质硬母线，即铝排：LMY（L 为铝）。

（3）铜铝复合硬母线，即铜覆铝排：TLMY（TL 为铜铝）。

（4）钢质硬母线：GMY（G 为钢）。

母线型号的表达形式及其含义如下：

$$TMY - A \times (B \times C) + D \times E$$

TMY 表示铜母线（排）。

A 表示相数：一般为 3，代表火线 ABC 三相；如果为 4，代表 ABC 三相及 N 相（零排）。

B×C 表示铜排型号：如 40×4，代表 40×4 的铜排。

D×E 表示铜排型号：如 40×4，代表 40×4 的铜排。

116. 输电线路常用架空导线型号各字符的含义分别是什么？

答：架空输电线路的导线是用来传导电流、输送电能的元件。网内常用架空线路为钢芯铝绞线。

（1）GB 1179—74 中的表示方法：代号-铝绞线标称截面。

代号及其含义：LGJ 表示钢芯铝绞线；LGJQ 表示轻型钢芯铝绞线；LGJJ 表示加强型钢芯铝绞线。

例如，LGJ－400 型号中 400 表示钢芯铝绞线标称截面为 $400mm^2$。

（2）GB 1179—83 标准中的表示方法：代号-铝绞线标称截面/钢绞线标称截面。

代号及其含义：LGJ 表示钢芯铝绞线；LGJF 表示防腐性钢芯铝绞线。

例如，LGJ－400/35 型号中 400 表示钢芯铝绞线中的铝绞线的标称截面为 $400mm^2$，35 表示钢芯铝绞线中的钢绞线的标称截面为 $35mm^2$。

（3）GB 1179—1999 与 GB 1179—2008 标准中的表示方法：代号-铝绞线标称截面/钢绞线标称截面-铝绞线结构根数/钢绞线结构根数。

代号及其含义：JL/G1A、JL/G1B、JL/G2A、JL/G2B、JL/G3A 表示钢芯铝绞线；JL/G1AF、JL/G2AF、JL/G3AF 表示防腐性钢芯铝绞线。其中：G1A、G1B 表示普通强度钢线；G2A、G2B 表示高强度钢线；G3A 表示特高强度钢线。

例如，JL/G1A－400/35－54/7 型号中：400 表示钢芯铝绞线中的铝绞线的标称截面为 $400mm^2$，35 表示钢芯铝绞线中的钢绞线的标称截面为 $35mm^2$，54 表示钢芯铝绞线中的铝绞线的根数为 54 根，7 表示钢芯铝绞线中的钢绞线的根数为 7 根。

117. 高压断路器的作用是什么？

答：（1）能切断或闭合高压线路的空载电流。

（2）能切断与闭合高压线路的负荷电流。

（3）能切断与闭合高压线路的故障电流。

（4）与继电保护配合，可快速切除故障，保证系统安全运行。

118. 高压断路器由哪几个部分组成？

答：高压断路器由以下五个部分组成：开断元件、支撑绝缘件、传动元件、基座和操动机构。

119. 高压断路器各组成部分的作用是什么？

（1）开断元件。开断机接通电力线路或电气设备、隔离电源。

（2）支撑绝缘件。承受开断元件操作力及各种外力。

（3）传动元件。将操作命令、操作力传递给开端元件的触头。

（4）基座。断路器的基础部件。

（5）操动机构。用来使断路器合闸、分闸并维持合闸或分闸状态。

120. 少油断路器灭弧室的作用是什么？灭弧方式有几种？

答：灭弧室的作用是熄灭电弧。灭弧方式有纵吹灭弧、横吹灭弧及纵横吹灭弧三种。

121. 电力变压器的主要作用是什么？

答：电力变压器是一种静止的电气设备，是用来将某一数值的交流电压（电流）变成频率相同的另一种或几种数值不同的电压（电流）的设备。电力变压器是发电厂和变电所的主要设备之一。其主要作用如下：

（1）变压器在电力系统中的主要作用是变换电压，以利于功率的传输。

（2）升高电压可以减少线路损耗，提高送电的经济性，达到远距离送电的目的。

（3）降低电压，把高电压变为用户所需要的各级使用电压，满足用户需要。

122. 油浸式变压器的主要组成部分是什么？

答：油浸式变压器的主要组成部分如下：

（1）器身。器身包括铁芯、绕组、绝缘、引线（包括调压装置、引线夹件等）。绕组是变压器的电路部分，一般用绝缘纸包裹的铜线或者铝线绕成，接到高压电网的绕组为高压绕组，接到低压电网的绕组为低压绕组，大型电力变压器采用同心式绕组，它是将高、低压绕组以同一点为圆心套在铁芯柱上，通常低压绕组靠近铁芯，高压绕组在外侧。铁芯是变压器的磁路部分，变压器的一次、二次绕组都在铁芯上，铁芯通常用 0.35mm、表面绝缘的硅钢片制成。变压器的绝缘材料主要包括电瓷、电工层压木板及绝缘纸板，变压器绝缘结构分为外绝缘和内绝缘两种。

（2）油箱。油箱包括油箱本体、附件（包括油枕、油门闸阀等）。油箱是油浸式变压器的外壳，变压器的铁芯和绕组置于油箱内，箱内注满变压器油，变压器油的作用就是绝缘和冷却。

（3）冷却装置。冷却装置包括散热器、风扇、油泵等。

（4）保护装置。保护装置包括储油柜、油枕、防爆管、气体继电气、测温元件、呼吸器、净油器等。

（5）绝缘套管。变压器绕组的引出线从油箱内穿过油箱盖时，必须经过绝缘套管，以使带电的引出线与接地的油箱绝缘，绝缘套管一般是瓷制的，其结构取决于它的电压等级。

（6）调压装置。即分接开关，分为无载调压装置和有载调压装置。

123. 电力变压器主要部件的作用是什么？

答：（1）吸潮器（硅胶筒）。内装有硅胶，储油柜（油枕）内的绝缘油通过吸潮器与大气连通，干燥剂吸收空气中的水分和杂质，以保持变压器内部绕组的良好绝缘性能。

（2）油位计。反映变压器的油位状态，过高需放油，过低则加油。冬天温度低、负载轻时油位变化不大，或油位略有下降，夏天气温高、负载重时油温上升，油位也略有上升。

（3）油枕。调节电力变压器油箱油量，防止变压器油过速氧化，上部有加油孔。

（4）防爆管。防止突然事故对油箱内压力骤增造成爆炸危险。

（5）信号温度计。监视变压器运行温度，发出信号。信号温度计指示的是变压器上层油温，变压器绕组温度要比上层油温高10℃。国家标准规定：变压器绕组的极限工作温度为105℃，上层温度不得超过95℃，通常监视温度（上层油温）设定在85℃及以下为宜。

（6）分接开关。通过变压器改变高压绕组抽头，增加或减少绕组匝数来改变电压比。

124. 隔离开关的电动操作机构由哪些部分组成？

答：电动操作机构由电动机、减速机构、操作回路、传动连杆、轴承拐臂和辅助触点等组成。

125. 变压器绝缘油有哪些特点？

答：（1）绝缘好，击穿电压高。

（2）导热系数高，具有良好的传热性和流动性。

（3）良好的氧化安定性，可减少使用期间产生的油泥和酸性物质。

126. 气体绝缘材料主要包括哪些？

答：气体绝缘材料主要包括空气、氮气、SF_6 等气体。

127. 什么是铁磁谐振？

答：铁磁谐振是电力系统自激振荡的一种形式，是由于变压器、电压互感器等铁磁电感的饱和作用引起的持续性、高幅值谐振过电压现象。虽然铁磁谐振在国外已有很多研究成果，在电网运行中也采取了许多消谐措施，但小电流接地系统的铁磁谐振事故却依然频繁发生。当调控员误将铁磁谐振当成接地或断线故障进行排查而延迟事故处理时，一次设备往往会发生严重损坏。

128. 消弧线圈的作用是什么？为什么要经常切换分接头？

答：消弧线圈是一种带铁芯的电感线圈。它接于变压器（或发电机）的中性点与大地之间，构成消弧线圈接地系统。输电线路经消弧线圈接地的形式，为小电流接地系统的一种。正常运行时，消弧线圈中无电流通过。而当电网受到雷击或发生单相电弧性接地时，中性点电位将上升到相电压，这时流经消弧线圈的电感性电流与单相接地的电容性故障电流相互抵消，使故障电流得到补偿。补偿后的残余电流变得很小，不足以维持电弧，从而自行熄灭。这样，就可使接地故障迅速消除而不致引起过电压。

电网在运行中发生线路增减的变化时，需经常切换消弧线圈的分接头，以改变电感电流的大小，从而达到适时合理补偿的目的。

129. 选用气体作为绝缘和灭弧介质比选用液体有哪些优点？

答：气体绝缘介质与液体和固体相比有比较明显的优越性。主要优点如下：

（1）导电率极小，几乎没有介质损耗。

（2）在电弧和电晕作用下产生的污秽物很少，不会发生明显的残留变化，自恢复性能好。

在均匀或稍不均匀电场中，气体绝缘的电气强度随气体压力的升高而增加，可根据需要选用合适的气体压力。

130. 简述架空线路的五大组成部分的作用。

答：（1）导线。用来传输电流，担任输送电能的作用。

（2）避雷线及接地装置。用来将雷电流引入大地，保护线路免遭直击雷的破坏。

（3）杆塔。支撑导线和避雷线，使导线间、导线和大地之间保持一定的安全距离。

（4）绝缘子。用来使导线和杆塔之间绝缘，并保持一定的绝缘距离。

（5）金具及附件。用于连接保护导线，使导线固定在绝缘子上，将护线条和绝缘子固定在杆塔上。

131. 架空电力线路常用的绝缘子有哪些种类？悬式绝缘子有哪些类型？

答：架空电力线路常用的绝缘子有针式绝缘子、蝶式绝缘子、悬式绝缘子和陶瓷横担、架空地线绝缘子等。悬式绝缘子按材质分为瓷绝缘子和钢化玻璃绝缘子；按连接方式分为球头型绝缘子和槽型绝缘子；按使用环境分为普通型绝缘子和防污绝缘子；按机械强度分为 4.5t、7t、10t、16t、20t 和 30t 等抗不同拉力的绝缘子。

132. 变压器油枕油位过高或过低有什么危害？

答：（1）油枕油位过高。当变压器满载或过载运行时油会溢出来，如果是全密封的，会增加油箱内的压力。

（2）油位过低。首先会造成高压套管中油位的降低，套管内

放电，引起事故。如果是电容式套管，不会马上引起故障，但继续降低，会报警或跳闸。

133. 少油断路器油位太高或太低有什么害处？

答：油位太高将使故障分闸时灭弧室内的气体压力增大，造成大量喷油或爆炸。油位太低将使故障分闸时灭弧室内的气体压力降低，难以灭弧，也会引起爆炸。

134. 断路器在大修时为什么要测量速度？

答：（1）速度是保证断路器正常工作和系统安全运行的主要参数。

（2）速度过慢，会加长灭弧时间，切除故障时易导致加重设备损坏，影响电力系统稳定。

（3）速度过慢，易造成越级跳闸，扩大停电范围。

（4）速度过慢，易烧坏触头，增高内压，引起爆炸。

135. 为什么要对变压器油进行气相色谱分析？

答：气相色谱分析是一种物理分离分析法。对变压器油的气相色谱分析就是从运行的变压器或其他充油设备中取出油样，用脱气装置脱出溶于油中的气体，由气相色谱仪分析从油中脱出气体的组成成分和含量，借此判断变压器内部有无故障及故障性质。

136. 变压器绝缘油色谱分析中为什么乙炔非常重要？

答：因为将变压器油裂解为乙炔需要高能放电产生的电弧，如果乙炔的含量持续升高，说明变压器内部存在持续的放电现象。如果不采取处理措施，最终会导致绝缘击穿，线圈短路，变压器起火甚至爆炸。

137. 绝缘损坏的主要原因是什么？

答：绝缘损坏的主要原因是过热、放电和过电压。

138. 试验记录的要求是什么？

答：试验记录应全面、准确地记录以下内容和数据：

（1）试验日期及天气条件，如试验日期、天气、温度、湿度等。

（2）被试设备的铭牌数据、产品序号、安装位置。

（3）被试设备的状态，如试验时的本体温度，表面状况等。

（4）试验设备及仪表、仪器等的型号、编号及校验状况。

（5）试验方法和接线。

（6）试验数据。

（7）试验分析及结论。

（8）试验人员的签名。

139. 什么是局部放电？

答：局部放电是指发生在电极之间但并未贯穿电极的放电，它是由于设备绝缘内部存在弱点或生产过程中造成的缺陷，在高电场强度作用下重复击穿和熄灭的现象。它表现为绝缘内气体的击穿、小范围内固体或液体介质的局部击穿或金属表面的边缘及尖角部位场强集中引起的局部击穿放电等。

140. 局部放电分为哪几类？

答：局部放电按放电类型来分，可以分为绝缘材料的内部放电、表面放电和电晕放电。

（1）内部放电。如果绝缘材料中含有气隙、杂质、油隙等，由于介质内电场分布不均匀，或空穴与介质完好部分电压分布造成的电场强度分布不均，导致的绝缘体内放电称为内部局部放电。

（2）表面放电。如在电场中介质有一平行于表面的场强分量，当其这个分量达到击穿场强时，则可能出现表面放电。

（3）电晕放电。在电场极不均匀的情况下，导体表面附近的电场强度达到气体的击穿场强时所发生的放电。

141. 液压机构的主要优缺点及适用场合是什么？

答：（1）优点。不需要直流电源；暂时失电时，仍然能操作几次；功率大，动作快；冲击小，操作平稳。

（2）缺点。结构复杂，加工精度要求高；维护工作量大。

（3）适用场合。适用于 110kV 以上断路器，它是超高压断路器和 SF_6 断路器采用的主要机构。

142. 对操作机构的分闸功能有何技术要求？

答：应满足断路器分闸速度要求，不仅能电动分闸，而且能手动分闸，并应尽可能省力。

143. 什么是合闸电阻？

答：为限制线路空载合闸时发生的操作过电压倍数而在触头两端接入的一个适当数值的电阻，称为合闸电阻。

144. 什么是分闸电阻？

答：为降低线路分闸后触头间电压的恢复速率，有利于电弧熄灭，改善开关工作状况而加的并联电阻，称为分闸电阻。

145. 对电气触头的要求是什么？

答：（1）结构可靠。

（2）有良好的导电性能和接触性能，即触头必须有低的电阻值。

（3）通过规定的电流时，表面不过热。

（4）能可靠地开断规定容量的电流及有足够的抗熔焊和抗电弧烧伤性能。

（5）通过短路电流时，具有足够的动态稳定性的热稳定性。

146. 对操作机构的保持合闸功能有什么要求？

答：合闸功能消失后，触头能可靠地保持在合闸位置，任何短路电动力及振动等均不致引起触头分离。

147. 油断路器 A 类检修之后需要做哪些试验？

答：油断路器 A 类检修之后，需要做的试验如下：绝缘电阻、介质损失角、泄露电流、交流耐压、接触电阻、均压电容值及介质、油耐压试验及分析。

148. 在哪些情况下不宜进行 SF_6 气体微水测量？

答：不宜在充气后立即进行，应在 24h 后进行；不宜在温度低的情况下进行；不宜在雨天或雨后进行；不宜在早晨化露前进行。

149. 对操动机构的防跳跃功能有什么要求？

答：当断路器在合闸过程中，如遇故障，即能自行分闸，即使合闸命令未解除，断路器也不能再度合闸，以避免无谓地多次分、合故障电流。

150. 简述真空断路器的灭弧原理。

答：真空断路器是利用真空具有良好的绝缘性能和耐弧性能等特点，将断路器触头部分安装在真空的外壳内而制成的断路器。真空断路器具有体积小、重量轻、噪音小、易安装、维护方便等优点，尤其适用于频繁操作的电路中。真空灭弧室中电弧的点燃是由于真空断路器刚分离瞬间，触头表面蒸发金属蒸气，并被游离而形成电弧造成的。真空灭弧室中电弧弧柱压差很大，质量密度差也很大，因而弧柱的金属蒸气（带电质点）将迅速向触头外扩散，加剧了去游离作用，加上电弧弧柱被拉长、拉细，得到更好的冷却，电弧迅速熄灭，介质绝缘强度很快得到恢复，从而阻止电弧在交流电流自然过零后重燃。

151. 绝缘油在无载调压变压器和少油断路器中各有哪些作用？

答：在变压器中有绝缘和冷却的作用。在少油断路器中起灭弧、绝缘的作用。

152. 电力设备的接触电阻过大的危害是什么？

答：使设备的接触点发热；时间过长时，可缩短设备的使用寿命；严重时可引起火灾，造成经济损失。

153. 常用的减少接触电阻的方法有哪些？

答：磨光接触面，扩大接触面；加大接触部分压力，保证可靠接触；采用铜、铝过渡线夹。

154. 耦合电容器的作用是什么？

答：耦合电容的作用是使得强电和弱电两个系统通过电容器耦合并隔离，提供高频信号通路，阻止工频电流进入弱电系统，保证人身安全。带有电压抽取装置的耦合电容器除以上作用外，还可抽取工频电压供保护及重合闸使用，起到电压互感器的作用。

155. 潮湿对于绝缘材料有什么影响？

答：绝缘材料有一定的吸潮性，由于潮气中含有大量的水分，绝缘材料吸潮后将使绝缘性能大大恶化。这是由于水的相对介电常数很大，致使绝缘材料的介电常数、导电损耗和介质性能角增大，导致强度降低，有关性能遭到破坏。因此，对每一种绝缘材料必须规定其严格的含水量。

156. 对绝缘材料的电气性能有哪些要求？

答：要有耐受高电压的能力；在最大工作电压的持续作用下和过电压的短时作用下，能保持应有的绝缘水平。

157. 瓦斯保护是怎么对变压器起保护作用的？

答：变压器内部发生故障时，电弧热量使绝缘油体积膨胀，并大量气化，大量油、气流冲向油枕，流动的油流和气流使气体继电器动作，跳开断路器，实现对变压器的保护。

158. 影响介质损耗程度的因素有哪些？

答：影响介质损耗程度的因素包括电压作用、水分作用、温度作用、机械力作用、化学作用和大自然作用。

159. 绝缘油净化处理有哪几种方法？

答：绝缘油净化处理有沉淀法、压力过滤法、热油过滤法、真空过滤法4种方法。

160. 取变压器及注油设备的油样时应注意什么？

答：（1）取油样应在空气干燥的晴天进行。

（2）装油样的容器，应刷洗干净，并经干燥处理后方可使用。

（3）油样应从注油设备底部的放油阀来取，擦净油阀，放掉污油，待油干净后取油样，取完油样后尽快将容器封好，严禁杂物混入容器。

（4）取完油样后，应将油阀关好以防漏油。

161. 高压断路器装油量过多或过少对断路器有什么影响?

答:油断路器在断开或合闸时会产生电弧,在电弧高温作用下,周围的油被迅速分解气化,产生很高的压力。如油量过多,而电弧未切断,气体继续产生,可能发生严重喷油或油箱因受高压力而爆炸;过多时顶部缓冲空间还会变小或没有,温度升高时溢油,开关动作时可能喷油。如油量不足,在灭弧时,灭弧时间加长甚至难以熄弧,含有大量氢气、甲烷、乙炔和油蒸气的混合气体泄入油面上空并与该空间的空气混合,比例达到一定数值时也能引起断路器的爆炸。如油量过少时,灭弧能力降低甚至消失,此时应严禁带负荷分闸,分闸可能引起爆炸。分闸位置的触头裸露于空气中,易氧化腐蚀,绝缘强度降低。

162. 对母线接头的接触电阻有何要求?

答:对于硬母线,应使用塞尺检查其接头紧密程度,如有怀疑时,应做温升试验或使用直流电源检查接点的电阻或接点的电压降。对于软母线,仅测接点的电压降,接点的电阻值不应大于相同长度母线电阻值的 1.2 倍。

163. 断路器的触头组装不良有什么危害?

答:断路器的触头组装不良会引起接触电阻增大,运动速度失常,甚至损伤部件。

164. 并联电容器定期维修时应注意哪些事项?

答:(1) 维修或处理电容器故障时,应断开电容器的断路器,拉开断路器两侧的隔离开关,并对并联电容器组完全放电且接地后,才允许进行工作。

(2) 检修人员戴绝缘手套,用短接线对电容器两极进行短路后，才可接触设备。

（3）对额定电压低于电网电压，装在对地绝缘构架上的电容器组进行停用维修时，其绝缘构架也应接地。

165. 电缆护层的作用是什么？

答：（1）内衬层起铠装衬垫和金属护套的作用。

（2）铠装层主要起抗压或抗张的机械保护作用。

（3）外被层主要对铠装起防蚀保护作用。

166. 高压电力电容器上装设串联电抗器的作用是什么？

答：高压电力电容器上装设串联电抗器的作用是抑制高次谐波，限制合闸涌流和短路电流，保护电容器正常工作。

167. 如何对少油断路器的灭弧室进行清洗和检查？

答：（1）将取出的部件放入清洁的变压器油中清洗，并用干燥的白布擦净。

（2）检查其有无缺陷。

（3）注意检查动、静触头及灭弧装置是否完好。

（4）检查密封油毡垫等有无损坏及变形。

168. 影响断路器触头接触电阻的因素有哪些？

答：影响断路器触头接触电阻的因素主要包含触头表面加工状况、触头表面氧化程度、触头间的压力、触头间的接触面积、触头的材料。

169. 隔离开关可能出现哪些故障？

答：隔离开关可能出现的故障包括：触头过热、绝缘子表面闪络和松动、隔离开关拉不开、刀片自动断开、刀片弯曲等。

170. 避雷器的作用是什么？

答：避雷器是用来限制过电压的一种主要保护电器，通常连接于导线与地之间，与被保护设备并联。

171. 引起隔离开关触指发生弯曲的原因是什么？

答：引起隔离开关触指发生弯曲的原因是由于触指间的电动力方向交替变化或调整部位发生松动，触指偏离原来位置而强行合闸使触指变形。处理时，检查接触面中心线应在同一直线上，调整刀片或瓷柱位置，并紧固松动的部件。

172. 硬母线常见故障有哪些？

答：（1）接头因接触不良，电阻增大，造成发热严重使接头烧红。

（2）支持绝缘子绝缘不良，使母线对地的绝缘电阻降低。

（3）当大的故障电流通过母线时，在电动力和弧光作用下，使母线发生弯曲、折断或烧伤。

173. 绝缘子发生闪络放电现象的原因是什么？如何处理？

答：一、原因

（1）绝缘子表面和瓷裙内落有污秽，受潮以后耐压强度降低，绝缘子表面形成放电回路，使泄漏电流增大，当达到一定值时，造成表面击穿放电。

（2）绝缘子表面落有污秽虽然很小，但由于电力系统中发生某种过电压，在过电压的作用下使绝缘子表面闪络放电。

二、处理方法

绝缘子发生闪络放电后，绝缘子表面绝缘性能下降很大，应立即更换，并对未闪络放电绝缘子进行清洁处理。

174. 引起隔离开关触头发热的原因是什么？

答：（1）合闸不到位，使电流通过的截面大大缩小，因而出现接触电阻增大，也产生很大的斥力，减少了弹簧的压力，使压缩弹簧或螺丝松弛，更使接触电阻增大而过热。

（2）因触头紧固件松动，刀片或刀嘴的弹簧锈蚀或过热，使弹簧压力降低；或操作时用力不当，使接触位置不正。这些情况均使触头压力降低，触头接触电阻增大而过热。

（3）刀口合得不严，使触头表面氧化、脏污；拉合过程中触头被电弧烧伤，各连动部件磨损或变形等，均会使触头接触不良，接触电阻增大而过热。

（4）隔离开关过负荷，引起触头过热。

175. 母线、隔离开关触头过热的处理方法有哪些？

答：（1）用红外测温仪测量过热点的温度，以判断发热程度。

（2）如果母线过热，根据过热的程度和部位，调配负荷，减少发热点电流，必要时汇报调度协助调配负荷。

（3）若隔离开关触头因接触不良而过热，可用相应电压等级的绝缘棒推动触头，使触头接触良好，但不得用力过猛，以免滑脱扩大事故。

（4）若隔离开关因过负荷引起过热。应汇报调度，将负荷降至额定值或以下运行。

（5）在双母线接线中，若某一母线隔离开关过热，可将该回路倒换到另一母线上运行，然后，拉开过热的隔离开关。待母线停电时再检修该过热隔离开关。

（6）在单母线接线中，若母线隔离开关过热，则只能降低负荷运行，并加强监视，也可加装临时通风装置，加强冷却。

（7）在具有旁路母线的接线中，母线隔离开关或线路隔离开关过热，可以倒至旁路运行，使过热的隔离开关退出运行或停电检修。无旁路接线的线路隔离开关过热，可以减负荷运行，但应加强监视。

（8）在 3/2 接线中，若某隔离开关过热，可开环运行，将过热隔离开关拉开。

（9）若隔离开关发热不断恶化威胁安全运行时，应立即停电处理。不能停电的隔离开关，可带电作业进行处理。

176. 影响载流体接头接触电阻的主要因素是什么？

答：（1）施工时接头的结构是否合理。

（2）使用材料的导电性能是否良好，接触性能是否良好。

（3）所用材料与接触压力是否合适，接触面的氧化程度如何等，都是影响接触电阻的因素。为防止接头发热，在设计和施工中应尽量减少以上几方面的影响。

177. 长期运行的隔离开关的常见缺陷有哪些？

答：（1）触头弹簧的压力降低，触头的接触氧化或积存油泥而导致触头发热。

（2）传动及操作部分的润滑油干涸，油泥过多，轴销生锈，个别部件机械变形等，以上情况存在时，可导致隔离开关的操作费力或不能动作、距离减小以致合不到位及同期性差等缺陷。

（3）绝缘子断头、绝缘子折伤和表面脏污等。

178. 一般影响断路器（电磁机构）分闸时间的因素有哪些？

答：（1）分闸铁芯的行程。

（2）分闸机构的各部分连板情况。

（3）分闸锁扣扣入的深度。

（4）分闸弹簧的情况。

（5）传动机构、主轴、中间静触头机构等情况。

179. 高压断路器常见故障有哪些？

答：（1）密封件失效故障。

（2）动作失灵故障。

（3）绝缘损坏或不良。

（4）灭弧件触头的故障。

180. 真空断路器常见故障有哪些？如何处理？

答：真空断路器常见故障及处理措施如下：

（1）分闸不可靠。此时应调整扣板和半轴的扣接深度。

（2）无法合闸且出现跳跃。可能是支架存在卡滞现象或滚轮和支架的间隙不符合（2±0.5）mm 的要求所致，此时应卸下底座，取出铁芯，调整铁芯拉杆长度。另外，也可能是辅助开关动作时间调整不当所致，此时应调整辅助开关拉杆长度，使其在断路器动静触头闭合后再断开。

（3）真空灭弧室漏气。使用中应定期检查真空灭弧室的真空度。

181. 哪些原因可引起电磁操作机构拒分和拒合？

答：引起电磁操作机构拒分和拒合原因如下：

（1）分闸回路、合闸回路不通。

（2）分、合闸绕组断线或匝间短路。

（3）转换开关没有切换或接触不良。

（4）机构转换节点太快。

（5）机构机械部分故障，如合闸铁芯行程和冲程不当，合闸铁芯卡涩，卡板未复归或扣入深度过小，调节止钉松动、变位等。

182. 什么原因可能使电磁机构拒绝分闸？如何处理？

答：一、原因

拒绝分闸原因很多，归纳一下有两类原因：一类是电气原因，另一类是机械原因。

（1）掣子扣的过深，造成分闸铁芯空行程过小。

（2）线圈端电压太低，磁力太小。

（3）固定磁轭的四螺丝未拧紧，或铁芯磁轭板与机板架之间有异物垫起而产生间隙，使磁通减小，磁力变小。

二、处理方法

（1）可调节螺钉，增大分闸铁芯空行程。

（2）调节电源，改变电源线压降，使端电压满足规程要求。

（3）将机构架与磁轭板拆下处理好，将四个螺丝紧固好。

183. 为什么说液压机构保持清洁与密封是保证检修质量的关键？

答：因为液压机构是一种高液压的装置，工作时压力经常保持在 98MPa 以上。如果清洁不够，即使是微小颗粒的杂质侵入到高压油中，也会引起机构中的孔径仅有 0.3mm 的阀体通道（管道）堵塞或卡涩，使液压装置不能正常工作。如果破坏密封或密封损伤造成泄漏，也会失掉压力而不能正常工作。综上所述，液压机构检修必须保证各部分密封性能可靠，液压油必须经常保持清洁，清洁、密封两项内容贯穿于检修的全过程。

184. 室外电气设备中的铜铝接头为什么不直接连接？

答：因为如把铜和铝用简单的机械方法连接在一起，特别是在潮湿并含盐分的环境中（空气中总含有一定水分和少量的可溶性无机盐类），铜、铝这对接头就相当于浸泡在电解液内的一对电极，便会形成电位差（相当于 1.68V 原电池）。在原电池作用下，铝会很快地丧失电子而被腐蚀，从而使电气接头慢慢松弛，造成接触电阻增大。当流过电流时，接头发热，温度升高还会引起铝本身的塑性变形，更使接头部分的接触电阻增大。如此恶性循环，直到接头烧毁为止。因此，电气设备的铜、铝接头应采用经闪光焊接在一起的铜铝过渡接头后再分别连接。

185. 断路器低电压分、合闸试验标准是怎样规定的？为什么要有此项规定？

答：电磁机构分闸线圈和合闸接触器线圈最低动作电压不得低于额定电压的30％，不得高于额定电压的65％。合闸线圈最低动作电压不得低于额定电压的85％。断路器的分、合闸动作都需要有一定的能量，为了保证断路器的合闸速度，规定了断路器的合闸线圈最低动作电压，不得低于额定电压的85％。

对分闸线圈和接触器线圈的低电压进行规定的原因是线圈的动作电压不能过低，也不得过高。如果动作电压过低，在直流系统绝缘不良，两点高阻接地的情况下，在分闸线圈或接触器线圈两端可能引入一个数值不大的直流电压，会引起断路器误分闸和误合闸；如果动作电压过高时，则会因系统故障时，直流母线电压降低而拒绝跳闸。

186. 低压开关灭弧罩受潮有何危害？为什么？

答：受潮会使低压开关绝缘性能降低，使触头严重烧损，损坏整个开关，以致报废不能使用。

因为灭弧罩是用来熄灭电弧的重要部件，灭火罩一般用石棉水泥、耐弧塑料、陶土或玻璃丝布板等材料制成，这些材料制成的灭弧罩如果受潮严重，不但影响绝缘性能，而且使灭弧作用大大降低。在电弧的高温作用下，灭弧罩里的水分被汽化，造成灭弧罩上部的压力增大，电弧不容易进入灭弧罩，燃烧时间加长，使触头严重烧坏，以致整个开关报废不能再用。

187. 为什么断路器都要有缓冲装置？

答：断路器分、合闸时，导电杆具有足够的分、合速度，但往往当导电杆运动到预定的分、合位置时，仍剩有很大的速度和动能，对机构及断路器有很大的冲击，故需要缓冲装置，以吸收运动系统的剩余动能，使运动系统平稳。

188. 为什么少油断路器要做泄漏试验而不做介损试验？

答：少油断路器的绝缘是由纯瓷套管、绝缘油和有机绝缘等单一材料构成，且其极间电容量不大（30～50pF），因此如在现场进行介质损试验，其电容值和杂质值受外界电场、周围物体和气候条件的影响较大而不稳定，给分析判断带来困难。而对套管的开裂、有机材料受潮等缺陷，则可通过泄漏试验，能灵敏、准确地反映出来。因此，少油断路器一般不做介损试验而做泄漏试验。

189. 变配电设备防止污闪事故的措施有几种？为什么？

答：一、措施

变配电设备污闪主要发生在瓷绝缘物上，防止污闪事故发生的措施有下列几种：

（1）根治污染源。

（2）把电站的电力设备装设在户内。

（3）合理配置设备外绝缘。

（4）加强运行维护。

（5）采取其他专用技术措施，如在电瓷绝缘表面涂涂料。

二、原因

（1）污闪事故的主要原因是绝缘表面遭受污染，除沿海空气中含盐和海雾外，主要的工业污染源都是人为的，要防治污染，首先要控制污染源，不让大气受到污染，变电所选址时应尽量避开明显的污染源。

（2）为防止大气污染，将变配电设备置于室内，可以大大减少污闪事故，但室内应配备除尘吸湿装置或者选用"全工况"型设备以防结露污闪。

（3）发生污闪和瓷件的造型及其泄漏比距有关，防污型绝缘子一般泄漏距离大，应对照本地区污区分布图及运行经验选用相应爬电比距的电气设备。

（4）及时清扫电瓷外绝缘污垢，恢复其原有的绝缘水平，是防污闪的基本措施。

（5）不能适应当地的污秽环境时，可采用更换绝缘子、增加绝缘叶片数、加装防污裙套、加涂防污罩涂料（有机硅、硅油、硅脂、地蜡 RTV 等）及改为合成绝缘子等措施，目的是增大绝缘爬距，减少污闪事故。

以上方法各有优缺点，应作经济比较后选用。

190. 如何预防变压器铁芯多点接地和短路故障？

答：预防变压器铁芯多点接地和短路故障可采取的措施如下：

（1）在吊芯检修时，应测试绝缘电阻，如有多点接地，应查清原因并消除。

（2）安装时，检查钟罩顶部与铁芯上夹件间的间隙，如有碰触，应及时消除。

（3）运输时，固定变压器铁芯的连接件，应在安装时将其脱开。

（4）穿芯螺栓绝缘应良好，检查铁芯穿心螺杆绝缘套外两端的金属座套，防止座套过长，触及铁芯造成短路。

（5）绕组压钉螺栓应紧固，防止螺帽和座套松动而掉下造成铁芯短路。铁芯及铁轭静电屏导线应紧固完好，防止出现悬浮放电。

（6）铁芯和夹件通过小套管引出接地的变压器，应将接地线引至适当位置，以便在运行中监视接地线中是否有环流。当有环流而又无法及时消除时，可采取临时措施，即在接地回路中串入电阻限流，电流一般控制在 300mA 以下。

191. 试述变压器的两种调压方法。

答：变压器调压方法有两种：一种是停电情况下，改变分接头进行调压，即无载调压；另一种是带负荷调整电压（改变分接头），即有载调压。有载调压分接开关一般由选择开关和切换开关两部分组成，在改变分接头时，选择开关的触头是在没有电流通过情况下动作，而切换开关的触头是在通过电流的情况下动作，因此切换开关在切换过程中需要接过渡电阻以限制相邻两个分接头跨接时的循环电流，因此能带负荷调整电压。电能用户要求供给的电源电压在一定允许范围内变化，并且要求电压调整时不断开电源，有载调压装置能在不停电情况下进行调压，保证供电质量，故此方法是最好的调压方法。

192. 变压器铁芯为什么必须接地？且只允许一点接地？

答：变压器在运行或试验时，铁芯及零件等金属部件均处在强电场之中，静电感应作用可在铁芯或其他金属结构上产生悬浮电位，造成对地放电而损坏零件，这是不允许的。因此，除穿螺杆外，铁芯及其所有金属构件都必须可靠接地。

如果有两点或两点以上的接地，在接地点之间便形成了闭合回路，当变压器运行时，其主磁通穿过此闭合回路时，就会产生环流，将会造成铁芯的局部过热，烧损部件及绝缘，造成事故，所以只允许一点接地。

193. 更换合闸接触器线圈和跳闸线圈时为什么要考虑保护和控制回路相配合的问题？

答：合闸接触器线圈电阻值，应与重合闸继电器电流线圈和重合闸信号继电器线圈的动作电流相配合。接入绿灯监视回路时，还应和绿灯及附加电阻相配合，使接触器线圈上的分压降小

于 15％，保证可靠返回。跳闸线圈动作电流应与保护出口信号
继电器动作电流相配合，装有防跳跃闭锁继电器时，还应和该继
电器电流线圈动作电流相配合。当跳闸线圈接入红灯监视回路
时，其正常流过跳闸线圈的电流值以及当红灯或其附加电阻或任
一短路时的电流值均不应使跳闸线圈误动作造成事故。

194. 什么是断路器的分闸时间？

答：断路器的分闸时间是指从断路器分闸操作起始瞬间（接
到分闸指令瞬间）到所有极触头都分离瞬间的时间间隔。时间越
短，分闸时的电弧能量就越小，可以防止电弧烧损触头。

195. 什么是断路器的合闸时间？

答：断路器的合闸时间是指处于分位置的断路器从分闸回路
通电到所有极触头都接触瞬间为止的时间间隔。合闸时间必须在
规定的时间范围内。合闸时间太短，则系统短路时直流分量过大，
可能会引起合闸困难；合闸时间太长，则影响系统的稳定性。

196. 什么是断路器的分-合闸时间？

答：断路器的分-合闸时间是指断路器在自动重合闸时，从
所有极触头分离瞬间至首先接触极接触瞬间的时间间隔。

197. 什么是断路器的合-分闸时间？

答：断路器的合-分闸时间是指断路器在不成功重合闸的合
分过程中或单独合分操作时，从首先接触极的触头接触瞬间到随
后的分操作时所有极触头均分离瞬间的时间间隔。

198. 为什么在断路器控制回路中加装防跳跃闭锁继电器？

答：在断路器合闸后，由于控制开关的把手未松开或接点

卡住，使 KK⑤⑧或 ZJ 的接点仍处于接通状态，此时发生短路故障继电保护动作跳闸后，断路器将会再次重合。如果短路继续存在，保护又使断路器跳闸，那么就会出现断路器的反复跳、合闸的现象，此现象称为断路器跳跃。断路器多次跳跃，会使断路器损坏，甚至造成断路器爆炸的严重事故。为此，必须采取措施，防止跳跃发生，通常是在控制回路里加装防跳跃继电器，即防跳跃闭锁继电器。

199. 为什么断路器采用铜钨合金的触头能提高熄弧效果？

答：断路器采用铜钨触头，除能减轻触头的烧损外，更重要的是还能提高熄弧效果。因为铜钨合金触头是用高熔点的钨粉构成触头的骨架，铜粉充入其间。在电弧的高温作用下，因钨的汽化温度（5950℃）比铜的汽化温度（2868℃）要高，且钨的蒸发量很小，故钨骨架的存在对铜蒸气的逸出起到了一种"过滤"作用而使之减小，弧柱的电导因铜蒸气、铜末的减少而变小，因此有利于熄弧。同时触头上弧根部分的直径随铜蒸发量的减小而变小，较小的弧根容易被冷却而熄弧，这样也就提高了熄弧效果。

200. 为什么要对断路器触头的运动速度进行测量？

答：（1）断路器分、合闸时，触头运动速度是断路器的重要特性参数，断路器分、合闸速度不足将会引起触头合闸震颤，预击穿时间过长。

（2）分闸时速度不足，将使电弧燃烧时间过长，致使断路器内存压力增大，轻者烧坏触头，使断路器不能继续工作，重者将会引起断路器爆炸。

（3）如果已知断路器合、分闸时间及触头的行程，就可以算出触头运动的平均速度，但这个速度有很大波动，影响断路器工作性能最重要的是刚分速度、刚合速度及最大速度。

因此，必须对断路器触头运动速度进行实际测量。

201. 试述 SF₆ 断路器内气体水分含量增大的原因，并说明严重超标的危害性。

答：一、水分含量增大的原因

（1）气体或再生气体本身含有水分。

（2）组装时进入水分。组装时受环境、现场装配和维修检查的影响，且高压电气设备内部的内壁也附着水分，故有水分进入。

（3）管道的材质自身含有水分，或管道连接部分存在渗漏现象，造成外来水分进入内部。

（4）密封件不严而渗入水分。

二、严重超标的危害性

水分严重超标将危害绝缘，影响灭弧，并产生有毒物质，原因如下：

（1）含水量较高时，很容易在绝缘材料表面结露，造成绝缘下降，严重时发生闪络击穿。含水量较高的气体在电弧作用下被分解，SF_6 气体与水分产生多种水解反应，产生 WO_3、CUF_2、WOF_4 等粉末状绝缘物，其中 CUF_2 有强烈的吸湿性，附在绝缘表面，使沿面闪络电压下降，HF、H_2SO_3 等具有强腐蚀性，对固体有机材料和金属有腐蚀作用，缩短设备寿命。

（2）含水量较高的气体，在电弧作用下产生很多化合物，影响 SF_6 气体的纯度，减少 SF_6 气体介质复原数量，还有一些物质阻碍分解物还原，灭弧能力将会受影响。

（3）含水量较高的气体在电弧作用下分解成化合物包括 WO_2、SOF_4、SO_2F_2、SOF_2、SO_2 等，这些化合物均为有毒有害物质，而 SOF_2、SO_2 的含量会随水分增加而增加，直接威胁人身健康，因此对 SF_6 气体的含水量必须严格监督和控制。

202. SF₆ 断路器及 GIS 组合电器为什么需要进行耐压试验？

答：因罐式 SF₆ 断路器及 GIS 组合电器的充气外壳是接地的金属壳体，内部导电体与壳体的间隙较小，一般运输到现场组装充气，因内部有杂物或运输中内部零件移位，将改变电场分布。现场进行对地耐压试验和对断口间耐压试验能及时发现内部隐患和缺陷。

瓷柱式 SF₆ 断路器的外壳是瓷套，对地绝缘强度高，但断口间隙仅为 30mm 左右，如断口间有毛刺或杂质存在，不易察觉，耐压试验能及时发现内部隐患缺陷。

综上所述，耐压试验非常必要而且必须做。

203. 引起隔离开关接触部分发热的原因有哪些？如何处理？

答：一、引起隔离开关接触部分发热的原因

（1）压紧弹簧或螺丝松劲。

（2）接触面氧化，使接触电阻增大。

（3）刀片与静触头接触面积太小，或过负荷运行。

（4）在拉合过程中，电弧烧伤触头或用力不当，使接触位置不正，引起压力降低。

二、处理方法

（1）检查、调整弹簧压力或更换弹簧。

（2）用 00 号砂纸清除触头表面氧化层，打磨接触面，增大接触面，并涂上中性凡士林。

（3）降负荷使用，或更换容量较大的隔离开关。

（4）操作时，用力适当，操作后应仔细检查触头接触情况。

204. 为什么油断路器触头要使用铜钨触头而不宜采用其他材料？

答：（1）因为钨的汽化温度为 5950℃，比铜的（2868℃）

高得多，所以铜钨合金气化少，电弧根部直径小，电弧可被冷却，有利于灭弧。

（2）因铜钨触头的抗熔性强，触头不易被烧损，即抗弧能力高，可提高断路器的遮断容量 20％左右。

（3）利用高熔点的钨和高导电性的金属银、铜组成的铜、铬、铜钨合金复合材料，导电性高，抗烧损性强，具有一定的机械强度和韧性。

205. 绝缘子表面的污秽有几类？分别是什么？

答：绝缘子表面的自然污秽物分为 A、B 两类。

（1）A 类。含有不溶物（或非水溶性）的固体污秽物附着于绝缘表面，当受潮时污秽物导电。该类污秽物可通过测量等值盐密（ESDD）和灰密（NSDD）来表征其特性。A 类污秽普遍存在于内陆、沙漠或工业污染区。沿海地区绝缘子表面形成的盐污层，在露、雾或毛毛雨的作用下，也可视为 A 类污秽。A 类污秽包括受潮时形成导电层的可溶污秽物和吸入水分的不溶物。可溶污秽物分为高可溶性盐（如快速溶解于水中的盐）和低可溶性盐（如很难溶解的盐）；不溶物包括尘土、沙子、黏土、油脂等。

（2）B 类。液体电解质附着于绝缘表面，多含有少量不溶物。该类污秽物可通过测量导电率或泄漏电流来表征其特性，也可通过测量 ESDD 和 NSDD 来表征特性。B 类污秽主要存在于沿海地区，海风携带盐雾直接沉降在绝缘表面上。通常化工企业排放的化学薄雾以及大气严重污染带来的具有高电导率的大雾与毛毛雨也可列为此类。

206. 简要说明电压效应引起发热设备的缺陷诊断判断标准。

答：由电压效应引起发热设备的缺陷诊断判断标准见表 2-18。

表2-18 电压效应引起发热设备的缺陷诊断判断标准

序号	设备类型		热像特征	故障特征	温差/K
1	电流互感器	10kV浇注式	以本体为中心整体发热	铁芯短路或局部放电增大	4
		油浸式	以瓷套套体局部温升增大，且瓷套上部温度偏高	介质损耗偏大	2~3
2	电压互感器（含电容式电压互感器的互感器部分）	10kV浇注式	以本体为中心整体发热	铁芯短路或局部放电增大	4
		油浸式	以整体温升偏高，且中上部温度大	介质损耗偏大、匝间短路或铁芯损耗增大	2~3
3	耦合电容器	油浸式	以整体温升偏高或局部过热，且发热符合自上而下逐步的递减的规律	介质损耗偏大、电容量变化、局部放电	2~3
4	高压套管		热像特征呈现以套管整体发热热像	介质损耗偏大	2~3
			热像为对应部位呈现局部发热区故障	局部放电故障、油路或气路的堵塞	
5	充油套管	绝缘子柱	热像特征是以有油面处为最高温度的热像，油面有一明显的水平分界线	缺油	
6	氧化锌避雷器		正常为整体轻微发热，热点一般在靠近上部，分布均匀，较下各节温度递减，多节组合从上到下各节温度递减（或单节），引起整体发热或局部发热为异常	阀片受潮或老化	0.5~1

续表

序号	设备类型		热像特征	故障特征	温差/K
7	绝缘子	瓷绝缘子	正常绝缘子串的温度分布同电压分布规律，即呈现不对称的马鞍形，相邻绝缘子温差很小，以铁帽为发热中心的热像图，其比正常绝缘子温度高	低值绝缘子发热（绝缘电阻在10～300MΩ）	1
			发热温度比正常绝缘子要低，热像特征与绝缘子相比，呈暗色调	零值绝缘子发热（小于10MΩ）	1
			其热像特征是以瓷盘（或玻璃盘）为发热区的热像	表面污移引起绝缘子泄漏电流增大	0.5
		合成绝缘子	在绝缘良好和绝缘劣化的结合处出现局部过热，随着时间的延长，过热部位会移动	伞裙破损或芯棒受潮	0.5～1
8	电缆终端		球头部位过热	球头部位松脱、进水	5～10
			橡塑绝缘电缆半导电断口过热	内部可能有局部放电	0.5～1
			以整个电缆头为中心的热像	电缆头受潮、劣化或气隙	5～10
			以护层接地连接为中心的发热	接地不良	0.5～1
			伞裙局部区域过热	内部可能有局部放电	0.5～1
			根部有整体性过热	内部介质受潮或性能异常	0.5～1

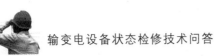

207. 简要说明电流效应引起发热设备的缺陷诊断判断标准。

答：由电流效应引起发热设备的缺陷诊断判断标准见表 2-19。

208. 简要说明电压致热型设备故障。

答：电压致热型设备故障主要是指设备内部缺陷（如介质增大、泄漏电流增大等）或者外部缺陷（如瓷介质表面污秽、裂纹等）导致电压分布异常和泄漏电流增大所产生的故障。

209. SF₆断路器中SF₆气体中微量水的危害是什么？

答：SF_6气体中微量水的含量是较为重要的指标，它不但影响绝缘性能，而且水分会在电弧作用下在SF_6气体中分解成有毒和有害的低氧化物质，其中氢氟酸对材料还具有腐蚀作用。

210. SF₆断路器中SF₆气体中的水从哪儿来？

答：SF_6断路器中SF_6气体中的水分主要来自以下几个方面：
（1）在SF_6充注和断路器装配过程中带入。
（2）绝缘材料中水分的缓慢蒸发。
（3）外界水分通过密封部位渗入。根据国外有关资料介绍，SF_6气体内水分达到最高值的时间一般在 3～6 个月，以后无特殊情况则逐渐趋向稳定。取样和试验温度应尽量接近 20℃，且尽量不低于 20℃。检测的湿度值可按设备实际温度与设备生产厂家提供的温湿度曲线核查，以判定湿度是否超标。

211. 什么是全天候状态？

答：全天候状态是指正常天气与极端天气、恶劣环境三位一体的气象环境状态，表现为大雨、大风、雷暴、覆冰、雾凇、

表 2-19 电流效应引起发热设备的缺陷诊断判断标准

序号	设备类别和部位		热像特征	故障特征	缺 陷 性 质		
					一般缺陷	严重缺陷	紧急缺陷
1	电气设备与金属部件的连接	接头和线夹	以线夹和接头为中心的热像，热点明显	接触不良	$\delta \geq 35\%$，但热点温度未达到严重缺陷温度值	$110℃ \geq$ 热点温度 $\theta > 80℃$ 或 $\delta \geq 80\%$，但热点温度未达到紧急缺陷温度值	热点温度 $\theta > 110℃$ 或 $\delta \geq 95\%$ 且热点温度 $\theta > 80℃$
2	金属导线		以导线为中心的热像，热点明显	松股、断股、老化或截面积不够			
3	金属部件与金属部件的连接	接头和线夹	以线夹和接头为中心的热像，热点明显	接触不良			
4	隔离开关	转头	以转头为中心的热像	转头接触不良或断股			
		刀口	以刀口压接弹簧为中心的热像	弹簧压接不良			
5	输电导线的连接器（耐张线夹、接续管、修补管、并沟线夹、跳线线夹、T形线夹、设备线夹等）		以线夹和接头为中心的热像，热点明显	接触不良	$\delta \geq 35\%$，但热点温度未达到严重缺陷温度值	$130℃ \geq$ 热点温度 $\theta > 90℃$ 或 $\delta \geq 80\%$，但热点温度未达到紧急缺陷温度值	热点温度 $\theta > 130℃$ 或 $\delta \geq 95\%$，且热点温度 $\theta > 90℃$

续表

序号	设备类别和部位		热像特征	故障特征	缺　陷　性　质		
					一般缺陷	严重缺陷	紧急缺陷
6	断路器	动静触头	以顶帽和下法兰为中心的热像，顶帽温度大于下法兰温度	压指压接不良	$\delta \geqslant 35\%$，但热点温度未达到严重缺陷温度值	80℃≥热点温度$\theta>55$℃或$\delta \geqslant 80\%$，但热点温度未达到紧急缺陷温度值	热点温度$\theta>80$℃或$\delta \geqslant 95\%$，且热点温度$\theta>55$℃
		中间触头	以下法兰和顶帽为中心的热像，下法兰温度大于顶帽温度				
7	电流互感器	内连接	以串并联出线头或串接出线夹为最高温度的热像或以顶部铁帽发热为特征	螺杆接触不良			
8	套管	柱头	以套管顶部柱头为最热的热像	柱头内部并线压接不良			
9	电容器	熔丝	以熔丝中部靠电容侧为最热的热像	熔丝容量不够			
		熔丝座	以熔丝座为最热的热像	熔丝与熔丝座之间接触不良			

续表

序号	设备类别和部位		热像特征	故障特征	缺陷性质		
					一般缺陷	严重缺陷	紧急缺陷
10	变压器	箱体	以箱体局部表面过热的特征	漏磁环（涡）流现象	δ≥35%，但热点温度未达到严重缺陷温度值	105℃≥热点温度θ>85℃	热点温度θ>105℃
11	干式变压器、接地变压器、串联电抗器、并联电抗器	铁芯	以铁芯局部表面过热为特征	铁芯局部短路	δ≥35%，但热点温度未达到严重缺陷温度值	F级绝缘155℃≥热点温度θ>130℃；H级绝缘180℃≥热点温度θ>140℃	F级绝缘热点温度θ>155℃；H级绝缘热点温度θ>180℃
		绕组	以绕组表面有局部过热或出线端子处热为特征	绕组匝间短路或接头接触不良	δ≥35%，但热点温度未达到严重缺陷温度值	F级绝缘155℃≥热点温度θ>130℃；H级绝缘180℃≥热点温度θ>140℃；相间温差大于10℃	F级绝缘热点温度θ>155℃；H级绝缘热点温度θ>180℃；相间温差大于20℃

雪淞、冻雨、高温、高湿、温差巨变、重度污秽、沙尘暴、洪涝、地质灾害等。

212. 什么是线路全工况？

答：线路全工况是指输电线路在全天候的状态下，满足设计各项技术指标的极限值后仍能安全输送线路允许的最大电力负荷的运行状态。

213. 什么是线路大跨越？

答：线路大跨越是指线路跨越通航江河、湖泊或海峡等，因挡距较大（在1000m以上）或杆塔较高（在100m以上），导线选型或杆塔设计需特殊考虑，且发生故障时严重影响航运或修复特别困难的耐张段。

214. 什么是架空输电线路轻冰区、中冰区和重冰区？

答：架空输电线路轻冰区是指设计覆冰厚度为10mm及以下地区；架空输电线路中冰区是指设计覆冰厚度大于10mm、小于20mm的地区；架空输电线路重冰区是指设计覆冰厚度为20mm及以上的地区。

215. 什么是耐张段？

答：架空线路的耐张段是指两耐张杆塔间的线路部分。

216. 什么是导线的平均运行张力？

答：导线的平均运行张力是指年平均气温情况下，弧垂最低点的导线或地线张力。

217. 什么是等值附盐密度（等值盐密）？

答：等值附盐密度是指溶解后具有与从给定绝缘子的绝缘

体表面清洗的自然沉积物溶解后相同电导率的氯化钠总量除以表面积，简称等值盐密。

218. 什么是不溶物密度（灰密）？

答：不溶物密度是指从给定绝缘子的绝缘体表面清洗的非可溶性残留物总量除以表面积，简称灰密。

219. 什么是线路间隙？

答：线路间隙是指线路任何带电部分与接地部分的最小距离。

220. 什么是对地距离？

答：对地距离是指在规定条件下，任何带电部分与地之间的最小距离。

221. 什么是保护角？

答：保护角是指通过地线的垂直平面与通过地线和被保护受雷击的导线的平面之间的夹角。

222. 对金具强度安全系数的要求是什么？

答：对金具强度的安全系数的要求为：最大使用荷载情况下不应小于2.5，断线、断联、验算等情况下不应小于1.5。

223. 什么是电力线路？

答：电力线路是指用于电力系统两点之间输电的导线、绝缘材料和各种附件组成的设施。

224. 什么是架空线路？

答：架空线路是指用绝缘子和杆塔将导线架设于地面上的

电力线路。

225. 什么是输电线路保护区？

答：输电线路保护区是指导线边线向外侧水平延伸一定距离，并垂直于地面所形成的两平行面内的区域。

226. 什么是线路本体？

答：线路本体是指按设计建造组成线路实体的所有构件及材料，包括杆塔（含拉线装置、爬梯）、基础、导地线（含OPGW）、绝缘子、金具、接地装置等。

227. 线路所包含的附属设施有哪些？

答：线路所包含的附属设施包含附加在线路本体上的各类标志牌、相位牌、警示牌及各种技术监测或有特殊用途的装置，如线路避雷器、避雷针、防鸟装置、通信光缆（含 ADSS 等）和防冲撞、防拆卸、防洪水、防舞动、防覆冰、防风偏及防攀爬装置等。

228. 电力行业安全警示标志分为几类？分别是什么？

答：电力行业安全警示标志可分为五类，即禁止标志、警告标志、指令标志、消防安全标志和电力行业专用的安全标语。

229. 什么是隔离断口？

答：隔离断口是指隔离开关、负荷－隔离开关的断口以及起联络作用或作为热备用的负荷开关和断路器的断口，其触头开距按对隔离开关规定的安全要求设计。

230. 线路缺陷包含哪几类？

答：线路缺陷包括本体缺陷、附属设施缺陷和外部隐患。

（1）本体缺陷指组成线路本体的全部构件、附件及零部件，包括基础、杆塔、导地线、绝缘子、金具、接地装置、拉线等发生的缺陷。

（2）附属设施缺陷指附加在线路本体上的线路标识、安全标志牌及各种技术监测及具有特殊用途的设备（例如：雷电测试、绝缘子在线监测设备、外加防雷、防鸟装置等）发生的缺陷。

（3）外部隐患指外部环境变化对线路的安全运行已构成某种潜在性威胁的情况，如在保护区内违章建房、种植树（竹）、堆物、取土以及各种施工作业等。

231. 线路设备包含哪些？

答：线路设备主要包括基础、杆塔（拉线）、导地线、绝缘子、金具、接地装置、附属设施。

232. 对架空地线保护角的要求是什么？

答：年雷暴日小于 40d/a 时，500kV 线路保护角应采用 10°以下，220kV 线路保护角应采用 15°以下，110kV 线路保护角应采用 20°以下；年雷暴日介于 40d/a 和 60d/a 之间时，500kV 线路保护角应采用 8°以下，220kV 线路保护角应采用 10°以下，110kV 线路保护角应采用 15°以下；年雷暴日大于 60d/a 时，500kV 和 220kV 线路保护角应采用负角保护，110kV 线路保护角应采用 10°以下。在坡度较大地区宜采用负保护角。运行线路不满足要求的必须采取措施治理。

233. 防治输电线路污闪工作的目标是什么？

答：防治输电线路污闪工作目标是指杜绝 500kV 线路污闪停电事故和发生大面积电网污闪停电事故；最大限度地降低输电线路污闪跳闸率，500kV 线路污闪跳闸率应不大于 0.05 次/（百公里·年）。

234. 绝缘子最少片数是如何规定的？

答：新建和扩建线路的外绝缘配置，要按所处污区提高一级配置，绝缘子最少片数应满足如下要求：500kV 32 片、220kV 15 片、110kV 8 片。运行线路若不满足以上要求，应采取其他措施进行改造。在进行线路绝缘配置或调整时，以最新污区分布图为准，A、B 级污秽地区应提高一级配置绝缘；C、D、E 级污秽地区应按其上限配置绝缘。对局部污秽严重的地区（如化工厂、水泥厂、煤窑附近）的线路，绝缘配置应适当加大预留的裕度。

235. 线路附属设施如何管理？

答：线路附属设施包括线路防雷设施、防鸟设施、防汛设施、防盗设施、在线监测装置、设备标志等。杆塔上的附属设施安装后不应影响杆塔结构强度和线路的安全运行。线路检修还应注意对附属设施的检查维护，发现异常和外力破坏现象时，应及时进行修补。

236. 什么是鸟害故障？

答：鸟害故障简称鸟害，或称涉鸟故障，是指由于鸟类粪便或异物等原因直接或间接引起的输电线路跳闸故障。

237. 鸟害区域等级如何划分？

答：对输电线路（走廊）所处的周边地域，根据鸟害故障的发生概率、安全风险程度，按照鸟害严重程度递增情形，将鸟害区域等级划分为 0（零）级、一级、二级和三级 4 个等级，用"0（零）""Ⅰ""Ⅱ"和"Ⅲ"表征，标记符号分别为"N0""NⅠ""NⅡ"和"NⅢ"。鸟害区域通常沿输电线路分布，鸟害区域的地域范围最小直径宜为 5～10km。

238. 哪些颜色可以标示鸟害区域等级？

答：鸟害区域等级推荐采用系列颜色标志，一级、二级和三级分别采用黄色、橙色和红色，0级为无色。

239. 各等级鸟害区域的含义是什么？

答：（1）N0。无鸟害，输电线路周边地域不具有鸟害区域特征，发生鸟害故障的概率较低。

（2）NⅠ。鸟害程度一般，主要具有鸟害区域的地理环境特征，发生鸟害故障的概率较低。

（3）NⅡ。鸟害程度中等，主要具有鸟害区域的地理环境和鸟类活动特征，发生鸟害故障的概率较高。

（4）NⅢ。鸟害程度严重，主要具有鸟害区域的地理环境和鸟类活动特征，发生鸟害故障的概率高。

240. 鸟害区域地理环境的主要特征是什么？

答：鸟害故障重复发生在相对特定的地域（对应于输电线路的固定塔段），具有河道、林区及农作物等适合鸟类生存的地理环境特征。

鸟害区域地理环境的主要特征如下：

（1）N0。无适合鸟类活动的地理环境特征，如城区、工矿或沙漠等区域。

（2）NⅠ。有适合鸟类活动的地理环境特征，如草原、山地或林区等区域。

（3）NⅡ。有地理环境和鸟类活动特征，如河道水域、林区及油料作物区域，大型鸟类迁徙路径附近，有粪迹的塔头、绝缘子，重要输电线路。

（4）NⅢ。有地理环境和鸟类活动特征，如河流、湖泊、沼泽地、水库及养鱼池等，大型鸟类迁徙路径，鸟类栖息迹象（残留有鸟粪、鸟巢和羽毛等），重要输电线路和发生过鸟害跳闸的杆塔。

241. 鸟害区域鸟类活动的主要特征是什么?

答：鸟类活动具有季节性和时段性，存在鸟类迁移和栖息的迹象，特别是残留有鸟粪、鸟巢和羽毛等鸟类活动特征。

242. 鸟害区域线路杆塔特征是什么?

答：输电线路鸟害故障跳闸率较高，对于 110kV 及以上电压等级线路的鸟害故障主要为鸟粪闪络，杆塔主要为铁塔形式，且故障点大多集中于线路中线等。

243. 防鸟措施如何进行优化设计?

答：依据输电线路鸟害区域等级，对防鸟装置及其配置等鸟害防范技术措施进行综合设计，使其安全性、有效性和经济性指标最佳。

244. 防鸟装置是指什么?

答：防鸟装置是指用于防范鸟类（栖息）输电线路杆塔引发鸟害故障的设施。

245. 输电线路鸟害周期性预防工作如何开展?

答：（1）北方地区，每年 6—9 月为输电线路杆塔鸟害故障的"频发时段"，表现为鸟害故障发生的时段性（季节）特征。

（2）要求在每年 4—6 月，应对输电线路防鸟措施进行全面检查，做好鸟害预防工作。防鸟装置的巡检重点包括防鸟装置鸟刺是否弯曲、开展角是否合适，连接零件是否损坏或松动，防鸟装置设置是否与鸟害区域等级相适应等。

246. 架空输电线路保护区范围是什么?

答：架空输电线路保护区内不得有建筑物、厂矿、树木（高跨设计除外）及其他生产活动。一般地区各级电压导线的边线保护区范围见表 2 - 20。

表 2 - 20　　　　　　　导线的边线保护区范围

序号	电压等级/kV	边线外距离/m
1	66～110	10
2	220～330	15
3	500	20
4	750	25

247. 在什么情况下输电线路鸟害区域等级可以提高？

答：在输电线路具有季节特征或时段特征时，可参照故障录波数据将其地域按鸟害故障划归为较高鸟害区域等级。

248. 什么是架空线路的回路？

答：架空线路的回路是指通过电流的导线或导线系统。

249. 什么是架空线路的单回路？

答：架空线路的单回路是指只有一个回路的线路。

250. 什么是架空线路的双回路？

答：架空线路的双回路是指同一杆塔上安装有不一定为相同电压与频率的两个回路的线路。

251. 什么是架空线路的多回路？

答：架空线路的多回路是指同一杆塔上安装有不一定为相同电压与频率的若干个回路的线路。

输变电设备状态检修技术问答

252. 什么是架空线路的单极线？

答：架空线路的单极线是指仅一极连接电源和负荷通过大地形成返回电路的直流线路。

253. 什么是架空线路的双极线？

答：架空线路的双极线是指有两极连接电源和负荷的直流线路。

254. 什么是架空线路的导线？

答：架空线路的导线是指通过电流的单股或不相互绝缘的多股线组成的绞线。

255. 什么是导线振动？

答：导线振动是指导线的周期性运动。

256. 什么是导线的微风振动？

答：导线的微风振动是指一种由风引起的主要在垂直方向的导线的周期运行，其振动频率相对较高，在十赫兹至数十赫兹之间，幅值的数量级为导线直径的数量级。

257. 什么是次挡距振动？

答：次挡距振动是指一根或多根子导线主要在水平方向的同期运动，其振动频率为几赫兹，幅值的数量级为子导线的直径的数量级。

258. 什么是导线舞动？

答：导线舞动是指一根导线或分裂导线在垂直平面以几分之一的低频和高振幅的周期性运行，其振幅数量级的最大值可达初始弧垂值的数量级。

259. 什么是负荷开关？

答：负荷开关的构造与隔离开关相似，只是加装了简单的灭弧装置，也有一个明显的断开点，有一定的断流能力，可以带负荷操作，但不能直接断开短路电流。如果需要断开短路电流，则要依靠与它串接的高压熔断器来实现。

260. 什么是挡？

答：挡是指导线两个相邻悬挂点间的线路部分。

261. 什么是挡距？

答：挡距是指两相邻杆塔导线悬挂点间的水平距离。

262. 什么是等高挡？

答：等高挡是指两相邻杆塔导线悬挂点几乎在同一水平面上的挡。

263. 什么是不等高挡？

答：不等高挡是指两相邻杆塔导线悬挂点不在同一水平面上的挡。

264. 什么是高差？

答：高差是指不等高挡内，通过导线悬挂点的两个水平面间的垂直距离。

265. 什么是斜挡距？

答：斜挡距是指两相邻杆塔导线悬挂点之间的距离。

266. 什么是风载挡距？

答：风载挡距是指杆塔两侧挡中点之间的水平距离。

267. 什么是重力挡距？

答：重力挡距是指杆塔两侧导线最低点之间的水平距离。

268. 什么是杆塔基础？

答：杆塔基础是指埋设在地下的一种结构，与杆塔底部连接，稳定承受所作用的荷载。

269. 什么是弧垂？

答：弧垂是指一挡架空线内，导线与导线悬挂点所连直线间的最大垂直距离。

270. 输电线路保护区是指什么？

答：输电线路保护区是指导线边线向外侧水平延伸一定距离，并垂直于地面所形成的两平行面内的区域。

271. 什么是微气象区？

答：微气象区是某一大区域内的局部地段，指由于地形、位置、坡向及温度、湿度等出现特殊变化，造成局部区域形成有别于大区域的更为特殊且对线路运行产生严重影响的气象区域。

272. 什么是微地形区？

答：微地形区是指为大地形区域中的一个局部狭小的范围。微地形按分类主要有垭口型微地形、高山分水岭型微地形、水汽增大型微地形、地形抬升型微地形、峡谷风道型微地形等。

273. 什么是采动影响区？

答：采动影响区是指地下开采引起或有可能引起地表移动变形的区域。

274. 什么是线路的电磁环境？

答：线路的电磁环境是指输电线路运行时线路电压、电流所产生的电场效应、磁场效应以及电晕效应所产生的无线电干扰、电视干扰和可听噪声等电磁现象的总和，包括静电感应、地面电场强度、地面磁感应强度、无线电干扰水平、可听噪声水平、风噪声水平等参数。

第三章

输变电设备状态巡检和检修试验

1. 什么是日常巡检？什么是专业巡检？

答：巡检分为日常巡检和专业巡检。日常巡检是指为掌握设备状态，由生产运行人员对设备进行的常规巡视和检查。专业巡检是指为掌握设备状态，由专业检修人员利用设备对设备进行的全面巡视和检查。

2. 什么是例行检查？

答：例行检查是指定期在现场对设备进行的状态检查，含各种简单保养和维修，如污秽清扫、螺丝紧固、防腐处理、自备表计校验、易损件更换、功能确认等。

3. 什么是交接试验？

答：交接试验是指设备或线路安装完成后，为了验证设备或线路安装质量对其开展的各种试验。

4. 什么是例行试验？

答：例行试验是指为获取设备状态量，评估设备状态，及时发现事故隐患，定期进行的各种带电检测和停电试验。需要设备退出运行才能进行的例行试验称为停电例行试验。

5. 什么是诊断性试验？

答：诊断性试验是指在巡检、在线监测、例行试验等过程中发现设备状态不良，或经受了不良工况，或受家族缺陷警示，或连续运行了较长时间，为进一步评估设备状态进行的试验。诊断性试验只有在被诊断设备运行状况出现异常时才根据具体情况有选择地进行。

6. 什么是带电检测？

答：带电检测是指在运行状态下，对设备状态量进行的现场检测，其检测方式为带电短时间内检测，有别于长期连续的在线监测。

7. 什么是在线监测？

答：在线监测是指在不影响设备运行的条件下，能够实时自动采集设备运行状态信息，对设备状况进行连续或者定时的检测。并可通过通信网络系统，将信息传输到后端生产数据管理中心。

8.《输变电设备状态检修试验规程》中的初值是指什么？

答：《输变电设备状态检修试验规程》（Q/ND 10501—06）中的初值是指能够代表状态量原始值的试验值，它是试验进行比较的基础。初值可以是出厂值、交接试验值、早期试验值、设备核心部件或主体进行解体性检修之后的首次试验值等。

9. 初值差如何计算？

答：$初值差 = \dfrac{当前测量值 - 初值}{初值} \times 100\%$。

10. 如何正确选择初值？

答：正确选择初值的选择很重要，在进行试验数据比对时一定要对数据进行甄别。特别是受安装环境影响的交接或首次预试值，如套管电容量等；不受安装环境影响的出厂试验值，如绕组电阻等；受大修影响的大修后首次试验值，如回路电阻等，在对这些试验数据进行对比时，均应进行甄别。

11. 《输变电设备状态检修试验规程》中的注意值是什么?

答:《输变电设备状态检修试验规程》(Q/ND 10501　06)中的注意值是指设备评价过程中状态量达到该数值时,设备可能存在或可能发展为缺陷。

12. 《输变电设备状态检修试验规程》中的警示值是什么?

答:《输变电设备状态检修试验规程》(Q/ND 10501　06)中的警示值是指设备评价过程中状态量达到该数值时,设备已存在缺陷并有可能发展为故障。

13. 设备试验接近或超过注意值时应该如何处置?

答:有注意值要求的状态量,若当前试验值超过注意值或接近注意值的趋势明显,对于正在运行的设备,应加强跟踪监测;对于停电设备,如怀疑属于严重缺陷,不宜投入运行。

14. 设备试验接近或超过警示值时应该如何处置?

答:有警示值要求的状态量,若当前试验值超过警示值或接近警示值的趋势明显,对于运行设备应尽快安排停电试验;对于停电设备,消除此隐患之前,一般不应投入运行。

15. 什么是基准周期?

答:基准周期是指《输变电设备状态检修试验规程》(Q/ND 10501　06)中规定的巡检周期和例行试验周期,以此作为设备状态检修试验进行周期调整的基础。

16. 什么是设备巡检?

答:设备巡检又叫状态巡检,是指在设备运行期间,应按规定的巡检内容和巡检周期对各类设备进行巡检。巡检内容还应包括设备技术文件特别提示的其他巡检要求。

17. 《输变电状态检修试验规程》中的状态巡检是指什么？

答：《输变电状态检修试验规程》（Q/ND 10501 06）中的状态巡检是指专业巡检，有别于变电站日常巡检，巡检情况应建立状态巡检记录并录入生产管理信息系统。

18. 什么情况下要加强巡检？

答：在雷雨季节前，大风、降雨（雪、冰雹）、沙尘暴及有明显震感（烈度4度及以上）的地震之后，应对相关设备加强巡检；新投运的设备、对核心部件或主体进行解体性检修后重新投运的设备，宜加强巡检；日最高气温35℃以上或大负荷期间，宜加强红外测温。

19. 状态检修试验与定期检修试验分类如何对应？

答：状态检修试验和定期检修试验对应关系见表3-1。

表3-1 状态检修试验与定期检修试验对应关系

项目序号	状态检修试验分类	定期检修试验分类
1	出厂试验	出厂试验
2	交接试验	交接试验
3	停电例行试验（全部项目）	预防性试验（部分项目）
	停电例行试验（部分项目）	
	带电例行试验（带电检测）	
4	诊断性试验	预防性试验（部分项目）

20. 状态检修为什么要制订基准周期？

答：因为变电站存在多个电压等级的设备，为了避免由于停电例行试验基准周期不同，造成重复停电的情况，需要制订基准周期。要求同一变电站内高电压等级的设备到达停电例行试验周期进行试验时，低电压等级的设备应尽可能同时安排进行例行试验。

21. 《输变电设备状态检修试验规程》对基准周期是如何规定的？

答：《输变电设备状态检修试验规程》（Q/ND 10501　06）对基准周期的规定如下：

（1）变电设备停电例行试验基准周期为 3 年。

（2）输电线路巡检及例行试验周期执行输电线路各类设备的基准周期，不做统一规定。停电试验宜与线路对应变电间隔设备同时开展试验工作，避免重复停电。

（3）变电设备带电检测例行试验周期执行本规程所列基准周期。变电设备常规红外测温基准周期为：500kV，1 个月；220kV，3 个月；110kV，6 个月；35kV 及以下，12 个月。精确红外测温基准周期为：220kV 及以上，6 个月；110kV 及以下，12 个月。绝缘油例行试验（油中溶解气体分析按具体设备例行试验条款要求执行）基准周期为：110kV 及以上，12 个月；35kV 及以下，3 年。绝缘类（局部放电、接地电流、介质损耗、暂态地电位等）带电检测基准周期为 12 个月。

（4）输电线路带电检测例行试验执行输电线路各类设备的基准周期。

22. 试验周期调整原则是什么？

答：（1）国家电网试验周期调整原则。对于停电例行试验，其周期可以依据设备状态、地域环境、电网结构等特点，在基准周期的基础上酌情延长或缩短，调整后的周期一般不小于 1 年，也不大于规程所规定的基准周期的 1.5 倍。

（2）内蒙古电网试验周期调整原则。对于开展带电检测的变电设备，试验周期为基准周期的 2 倍；没有开展带电检测的变电设备，试验周期为基准周期。同间隔设备的试验周期宜相同，变压器各侧主进开关及相关设备的试验周期应与该变压器相同。

23. 为什么线路巡检没有固定的周期？

答：因为输电线路巡视周期原定为每月一次，但这一规定对于崇山峻岭或广袤无垠的草原等地形复杂区段，执行起来会有一定难度，对城市地区等环境复杂地段，每月巡检一次可能还不够，所以遇到特殊情况，由运维管理部门制订执行细则，酌情处理。

24. 状态检修仅仅是延长试验周期吗？为什么？

答：不是。因为状态检修不是简单地将原来的试验周期延长，任何一个单位，其设备状态总会是参差不齐的，简单地延长周期，可能会使状态稍差的设备处于失控状态，增加其发生运行事故的风险。试验周期可以调整，但必须依据设备状态来进行。

25. 什么情况下状态检修可以延迟试验？

答：符合以下条件的设备，停电例行设备可以在周期调整后的基础上延迟 1 年：

（1）巡检中未见可能危及该设备安全运行的任何异常。

（2）带电检测（如有）显示设备状态良好。

（3）上次例行试验与其前次例行（或交接）试验结果相比无明显差异。

（4）没有任何可能危及设备安全运行的家族缺陷。

（5）上次例行试验以来，没有经受严重的不良工况。

26. 什么情况下状态检修需提前试验？

答：有下列情形之一的设备，需提前，或尽快安排例行或/和诊断性试验：

（1）巡检中发现有异常，此异常可能是重大质量隐患所致。

（2）如果有带电检测试验或在线监测系统，显示设备状态不良。

（3）以往的例行试验有朝着注意值或警示值方向发展的明显趋势，或者接近注意值或警示值。

（4）存在重大家族缺陷。

（5）经受了较为严重的不良工况，不进行试验无法确定其是否对设备状态有实质性损害。

（6）最近一次设备评价结果为非正常状态。

（7）如初步判定设备继续运行有风险，则不论是否到期，都应列入最近的年度试验计划。情况严重时，应尽快退出运行，并进行试验。

27. 简要说明解体性检修的适用原则。

答：存在下列情形之一的设备，需要对设备核心部件或主体进行解体性检修（不适宜解体性检修的，应予以更换）：

（1）例行或诊断性试验表明存在重大缺陷的设备。

（2）受重大家族性缺陷警示，需要解体消除隐患的设备。

（3）依据设备技术文件的推荐或运行经验，达到解体性检修条件的设备。

28. 在开展状态检修后还需要保留定期检查和试验吗？为什么？

答：需要。因为高压电气设备具有彼此关联运行的特点，包括检查和试验在内的任何停电检修必须是有计划的，不可能今天设备 A 的状态到了检修点，就检修设备 A，明天设备 B 的状态到了检修点，就检修设备 B。目前和今后很长一段时间内，带电/在线检测还无法代替停电试验，更无法代替停电的保养性检查。因此，必要的定期检查和试验是提取设备状态信息、监控设备状态的必要手段，是状态评估的基础。

29. 什么是轮试？

答：轮试是将周期为 2 年或 2 年以上的同类型设备，每年试验其中的一部分，一个周期内分批轮流试验一次的方式，即对于数量较多的同厂同型设备，若例行试验项目的周期为 2 年及以上，宜在周期内逐年分批进行的试验方式。

30. 设备进行轮试的优势是什么？

答：轮试的优点是每年试验一部分，能起到抽样检验的重要作用。这样，一旦当年轮试的部分出现异常，其余等待轮试的设备可以尽快安排试验。实际上，轮试可以起到对家族性缺陷的警示作用。

31. 轮试是必须进行的吗？为什么？

答：不是。因为轮试是一种试验安排的策略，是推荐性的，是否采用轮试或在轮试中如何安排每年要试验的设备，应本着有利于停电安排和方便试验的原则灵活确定。

32. 轮试过程中如果发现问题该如何处理？

答：对于轮试过程中发现的问题，要分析问题的性质，确定是否为家族缺陷，然后评估问题的发生概率，是否明显高于正常预期。如果确定是家族缺陷，其他未到期设备应尽快安排试验。

33. 为什么要对试验数据进行状态量显著性差异分析?

答：因为在相近的运行和检测条件下，对于同一批设备，由于设计、工艺和材质都相同，各台设备的同一状态量应该视为源自同一母体的不同样本，设备的同一状态量不应有明显差异。如果被分析设备的状态量值与其他设备存在显著性差异，满足注意值或警示值要求，必然存在原因，且很可能是早期缺陷的信号，应引起注意。

34. 如何保证试验数据差异性分析的可信度?

答：为了确保显著性差异分析的可信度，应具备以下两个条件：

（1）6台以上设备（含被分析设备）属于同型号、同批次，或设计、工艺和材质都相同，且以往试验时数据差异不大。

（2）试验条件相同。

易受环境影响的状态量，显著性差异分析方法仅供参考。设备台数 $n < 5$ 时，不适宜用显著性差异分析方法。若不受试验条件影响，显著性差异分析法也适用于同一设备、同一状态量历年试验结果的分析。

35. 如何利用显著性差异分析设备状态量? 举例说明。

答：一、状态量显著性差异分析方法

设 $n(n \geqslant 5)$ 台同一家族设备（不含被诊断设备）某个状态量 X 的当前试验值的平均值为 $\overline{X}$，样本偏差为 S，被诊断设备的当前试验值为 x，则显著性差异分析步骤如下：

（1）确定状态量劣化情况，是增加还是减少，然后选择合适的判断公式。

当劣化表现为状态量值减少时（如绝缘电阻），选择判断公式 $x < \overline{X} - kS$；当劣化表现为状态量值增加时（如介质损耗因

数），选择判断公式 $x > \overline{X} + kS$；当劣化表现为偏离初值时（如套管电容），选择判断公式 $x \notin (\overline{X} - kS, \ \overline{X} + kS)$。

k 值与 n 的关系参见表 3-2。

表 3-2 　　　　　　　　　　　k 值与 n 的关系

n	5	6	7	8	9	10	11	13	15	20	25	35	45 及以上
k	2.57	2.45	2.36	2.31	2.26	2.23	2.20	2.16	2.13	2.09	2.06	2.03	2.01

（2）根据状态量数据计算试验值的平均值 $\overline{X}$ 和样本偏差 S。

平均值 $\overline{X}$ 是表示一组数据集中趋势的量数，在计算平均值时应不含被诊断数据。$\overline{X}$ 的计算公式为

$$\overline{X} = \frac{\sum\limits_{i=1}^{n-1} X_i}{n-1}$$

样本偏差 S 用以衡量数据值偏离算术平均值的程度。标准偏差越小，这些值偏离平均值就越少，反之亦然。计算样本偏差时应不含被诊断数据。S 的计算公式为

$$S = \sqrt{\frac{\sum\limits_{i=1}^{n}(X_i - \overline{X})^2}{n-1}}$$

（3）根据计算结果判断是否符合判断公式。如果符合，则表示该数值应引起注意；否则，判断该结果无显著性差异。

二、案例

某 CT 三相介损两次试验值的显著性差异分析步骤如下：

（1）列出试验数据，见表 3-3。

表 3-3 　　　　　　　　　　某 CT 三相介损试验数据

相别	A 相	B 相	C 相
第一组试验值/%	$a_1 = 0.0029$	$b_1 = 0.0021$	$c_1 = 0.0032$
第二组试验值/%	$a_2 = 0.0049$	$b_2 = 0.0034$	$c_2 = 0.0029$

（2）检查有无异常数据。分析发现：第二组试验 a_2 的值偏大，分析这个数据是否能正确反映设备情况。

（3）进行数据显著性差异分析。方法如下：

1）提取除 a_2 之外的其他 5 台设备的数据进行统计。

2）计算介损平均值，$\overline{X}=0.0029$，样本偏差 $S=0.000495$。

3）根据状态量变化情况，介损劣化表现为状态量值的增加，选择判断公式 $x>\overline{X}+kS$。

4）根据样本数量 $n=5$，选择 $k=2.57$。

5）$x=a_2=0.0049$，$\overline{X}+kS=0.0042$。

6）根据计算结果判断是否符合判断公式 $x>\overline{X}+kS$，如果符合则表示第二组 A 相试验值应引起注意。

36. 如何应用纵横比分析法分析试验数据？举例说明。

答：一、应用方法

数据纵横比分析法适用于易受环境影响的状态量的分析。

本方法可作为辅助分析手段。A、B、C 三相（设备）的上次试验值和当前试验值分别为 a_1、b_1、c_1、a_2、b_2、c_2，在分析设备 A 相当前试验值 a_2 是否正常时，根据 $a_2/(b_2+c_2)$ 与 $a_1/(b_1+c_1)$ 相比有无明显差异进行判断，一般不超过 $\pm30\%$ 可判为正常。计算公式如下：

$$F=\left|1-\frac{a_2(b_1+c_1)}{a_1(b_2+c_2)}\right|\times100\%$$

二、案例 1

以某 CT 三相介损两次的试验数据为例进行分析，步骤如下：

（1）列出试验数据，见表 3-4。

表 3-4　　　　　某套管三相介损试验数据

相别	A 相	B 相	C 相
第一组试验值/%	$a_1=0.0029$	$b_1=0.0021$	$c_1=0.0032$
第二组试验值/%	$a_2=0.0049$	$b_2=0.0034$	$c_2=0.0029$

（2）检查有无异常数据。分析发现：A 相当前试验值 a_2 增量为 0.002。

（3）进行纵横比分析。

1）把两次的试验数据代入公式 $F = \left| 1 - \dfrac{a_2}{a_1} \dfrac{(b_1 + c_1)}{(b_2 + c_2)} \right| \times 100\%$

进行计算，$F = \left| 1 - \dfrac{0.0049}{0.0029} \dfrac{(0.0021 + 0.0032)}{(0.0034 + 0.0029)} \right| \times 100\% = 42\%$。

2）$F > 30\%$，结论为：A 相当前试验值有明显变化，应引起"注意"。

三、案例 2

以某套管三相介损两次的试验数据为例进行分析，步骤如下：

（1）列出试验数据，见表 3-5。

表 3-5　　　　　　　某套管三相介损试验数据

相别	A 相	B 相	C 相
第一组试验值/%	$a_1 = 0.0023$	$b_1 = 0.0011$	$c_1 = 0.0017$
第二组试验值/%	$a_2 = 0.0048$	$b_2 = 0.0021$	$c_2 = 0.0025$

（2）检查有无异常数据。分析发现：A 相当前试验值 a_2 增量为 0.0025。

（3）进行纵横比分析。

1）把两次的试验数据代入公式 $F = \left| 1 - \dfrac{a_2}{a_1} \dfrac{(b_1 + c_1)}{(b_2 + c_2)} \right| \times 100\%$

进行计算，$F = \left| 1 - \dfrac{0.0048}{0.0023} \dfrac{(0.0011 + 0.0017)}{(0.0021 + 0.0025)} \right| \times 100\% = 27\%$。

2）$F < 30\%$，结论为：A 相当前试验值无明显差异。

37. 在状态检修试验过程中判断设备是否异常时如何确定注意值？

答：注意值的确定应符合以下要求：

（1）在设备状态检修试验过程中，注意值可以是设备可能存在或可能发展为缺陷的状态。

（2）有注意值的状态量一般受环境、试验条件等影响大，试验数据分布范围大。

（3）仅凭试验值的大小无法确定设备的状态，需要与注意值进行对比分析，对分析设备状态有参考价值，如绝缘电阻。

38. 状态检修试验过程中判断设备是否异常时如何确定警示值？

答：确定警示值应符合以下要求：

（1）在设备状态检修试验过程中，设备已存在缺陷并有可能发展为故障。

（2）有警示值的状态量通常稳定、不受环境影响。

（3）正常设备状态量不应超过警示值，如绕组直流偏差、电容量，或超过警示值就不能保证设备安全运行，如绝缘油耐压值。

39. 新投设备按照哪些规定开展状态检修试验？

答：新投设备在质保期内，以及停运6个月以上的设备投运前，应进行例行试验。对于新投及停运6个月以上重新投运的设备，1个月内开展带电检测。对核心部件或主体进行解体性检修后重新投运的设备，可参照新设备要求执行。

40. 备用设备的使用在输变电设备状态检修试验规程中是如何规定的？

答：现场备用设备应视同运行设备进行例行试验，备用设备停运6个月以上，投运前应对其进行例行试验。

41. 对于非成套设备进行绝缘试验的要求是什么？

答：进行绝缘试验时，除制造厂装配的成套设备外，宜将连接在一起的各种设备分离，单独试验。同一试验标准的设备可连在一起试验。无法单独试验时，已有出厂试验报告的同一电压等级不同试验标准的电气设备，也可连在一起进行试验。试验标准应采用连接的各种设备中的最低标准。

42. 进行状态检修试验时温度和湿度是如何规定的？

答：在进行与环境温度及湿度有关的各种试验时，应同时测量被试品周围的温度及湿度。绝缘试验应在良好天气且被试物及仪器周围温度不低于5℃，空气相对湿度不高于80%的条件下进行。对不满足上述温度、湿度条件情况下测得的试验数据，按照易受环境影响状态量的纵横比分析方法进行综合分析，以判断电气设备是否可以投入运行。

43. 对设备进行绝缘试验时哪些属于破坏性试验？哪些属于非破坏性试验？

答：破坏性绝缘试验主要包括：交流耐压试验、直流耐压试验、雷电冲击耐压试验及操作冲击耐压试验等。非破坏性绝缘试验主要包括：绝缘电阻试验、吸收比试验、介质损耗因数试验、局部放电试验、绝缘油的气相色谱分析等。

44. 为什么要测量电气设备的绝缘电阻？测量结果主要与哪些因素有关？

答：绝缘电阻试验是电气设备绝缘试验中一种最简单、最常用的试验方法。当电气设备受潮，表面变脏，留有表面放电或击穿痕迹时，其绝缘电阻会显著下降，通过测量电气设备的绝缘电阻可以检查绝缘介质是否受潮、脏污或损坏以及绝缘油的劣化、绝缘击穿、严重热老化等情况，可以了解设备的运行情况，减少设备的事故率。

绝缘电阻测量结果主要与温度和湿度有关。

（1）绝缘介质的绝缘电阻值和温度有关，吸湿性大的物质受温度的影响就更大。一般绝缘电阻随温度上升而减小。由于温度对绝缘电阻影响很大，而且每次测量又难以在同一温度下进行，所以为了能把测量结果进行比较，应将测量结果换算到同一温度下的数值。

（2）空气湿度对测量结果影响也很大。当空气相对湿度增大时，绝缘物由于毛细管作用，吸收较多的水分，致使电导率增加，绝缘电阻降低，尤其是对表面泄漏电流的影响更大。

（3）绝缘表面的脏污程度对测量结果也有一定影响。试验中可以使用屏蔽方法以减少因脏污引起的误差。

45. 在什么情况下测量吸收比？

答：对于不均匀的绝缘试品，如果绝缘状态良好，则吸收现象明显；如果绝缘受潮严重或内部有集中性的导电通道，则吸收现象不明显。工程上用"吸收比"来反映这一特性。对于电容量小的绝缘试品，可以只测量其绝缘电阻，对于电容量比较大的绝缘试品，不仅需要测量其绝缘电阻，还要测量其吸收比。

46. 如何正确利用绝缘电阻试验结果分析设备绝缘情况？

答：绝缘电阻的大小与绝缘材料的大小结构、测量仪表、大气情况等有关，因此不能简单根据绝缘电阻大小或吸收比来判断绝缘的好坏，而应该在排除了大气条件的影响后，所测绝缘电阻和吸收比与其出厂试验值进行比较，与历史数据进行比较，与同批次设备进行比较，进行综合分析设备的绝缘情况。

47. 交流耐压试验是如何定义的？

答：交流耐压试验是指交流耐压试验中对电气设备绝缘外加的交流试验电压，该试验电压比设备的额定工作电压要高，并持续一定时间（一般为 60s）。交流耐压试验是一种最符合电气设备的实际运行条件的试验，是避免发生绝缘事故的一项重要的手段。

48. 设备电容和介质损耗因数测试对试验电压的要求是什么？

答：除特别说明，对于电容和介质损耗因数一并测量的试验，设备额定电压为 10kV 及以上时，试验电压为 10kV；设备额定电压为 10kV 以下时，试验电压为设备的额定电压 U_n。

49. 什么是红外热像检测？

答：红外热像检测是利用红外测温技术，对设备或线路中具有电流、电压致热效应或其他致热效应的部位进行的温度测量，检测是否存在异常温升、温差和/或相对温差的情况，以此来判断设备是否存在缺陷或发生故障。

50. 红外诊断过程中的温升是如何定义的？

答：温升通用的定义为电子电气设备中各个部件高出环境的温度。《带电设备红外诊断应用规范》（DL/T 664—2008）定义为被测设备表面温度和环境温度参考体表面温度之差。《带电设备红外诊断应用规范》（DL/T 664—2016）删除了该定义。

51. 红外诊断过程中环境温度参照体是什么？

答：《带电设备红外诊断应用规范》（DL/T 664—2008）标准中定义为环境温度参照体是指用来采集环境温度的物体。它不一定具有当时的真实环境温度，但具有与被检测设备相似的物理属性，并与被检测设备处于相似的环境之中。《带电设备红外诊断应用规范》（DL/T 664—2016）删除了该定义。

52. 为什么《带电设备红外诊断应用规范》（DL/T 664—2016）删除了温升和环境温度参照体？

答：由于在检测现场，关于环境温度参照温度，不同的检测人员认定的参照物不同，所取得温度也有较大差异，会直接影响相对温差的计算结果，给后续的缺陷统计分析和缺陷判断带来困难，所以《带电设备红外诊断应用规范》（DL/T 664—2016）删除了温升和环境温度参照体。

53. 红外诊断过程中的温差是如何定义的？

答：温差是指不同被测设备或同一被测设备不同部位之间的温度差。

54. 相对温差可以用来判断什么故障？

答：相对温差是用来判断电流致热型设备缺陷性质的重要依据，主要是用来判断小负荷电流所引起设备的低温缺陷的严重程度。

55. 为什么要进行相对温差的分析？

答：实践证明，大量设备接头在通过小负荷电流时，其设备温升并不高，所以很容易被忽略。检修时发现这些接头的接触电阻超过设备本身技术要求，成为设备安全运行的隐患，也增加了不必要的电能损失。当负荷电流增大或发生外部短路事故时，这些接触电阻严重超标的设备运行状况会进一步恶化甚至引起设备事故，通过进行相对温差分析来确定这类缺陷的严重程度。

56. 红外诊断过程中的相对温差是如何定义的？

答：相对温差是指两个对应测点之间的温差与其中较热点的温升之比的百分数。计算公式如下：

$$\delta_t = \frac{(\tau_1 - \tau_2)}{\tau_1} \times 100\% = \frac{(T_1 - T_2)}{(T_1 - T_0)} \times 100\%$$

式中　τ_1、T_1——发热点的温升和温度；

　　　τ_2、T_2——正常相对应点的温升和温度；

　　　T_0——环境温度参考体的温度。

57. 红外诊断的一般检测与精确检测的区别是什么？

答：一般检测指用红外热像仪对电气设备表面温度分布进行较大面积的巡视性检测。

精确检测指用检测电压致热型和部分电流致热型设备的表面温度分布去发现内部缺陷，对设备故障作精确判断的检测，也称诊断性检测。

58. 在设备进行红外诊断时同类设备是指什么？

答：同类设备指同组三相或在同相不同安装位置或其他同类型的设备。

59. 红外诊断的判断方法有哪些？分别是适用于哪些设备？如何进行分析？

答：目前，红外诊断的诊断方法包括表面温度判断法、相对温差判断法、图像特征判断法、同类比较判断法、综合分析判断法和实时分析判断法 6 种。

（1）表面温度判断法。表面温度判断法主要适用于电流致热型和电磁致热型设备。根据测得的设备表面温度值，对照"高压开关设备和控制设备各种部件、材料和绝缘介质的温度和温升极限"规定，结合检测时环境气候条件和设备的实际电流（负荷）、正常运行中可能出现的最大电流（负荷）以及设备的额定电流（负荷）等进行分析判断。

（2）相对温差判断法。相对温差判断法主要适用于电流致热型设备，特别是对于检测时电流（负荷）较小，且按照表面温度判断法未能确定设备缺陷类型的电流致热型设备，在不与"高压开关设备和控制设备各种部件、材料和绝缘介质的温度和温升极限"规定相冲突的前提下，采用相对温差判断法，可提高对设备缺陷类型判断的准确性，降低当运行电流（负荷）较小时设备缺陷的漏判率。

（3）图像特征判断法。图像特征判断法主要适用于电压致热型设备。根据同类设备的正常状态和异常状态的热像图，判断设备是否正常。注意应尽量排除各种干扰因素对图像的影响，必要时结合电气试验或化学分析的结果，进行综合判断。

（4）同类比较判断法。根据同类设备之间对应部位的表面温差进行比较分析判断。对于电压致热型设备，应结合图像特征判断法进行判断；对于电流致热型设备，应先按照表面温度判断法进行判断，如未能确定设备的缺陷类型时，再按照相对温差判断法进行判断，最后才按照同类比较判断法。档案或历史热像图也多作同类比较判断。

（5）综合分析判断法。综合分析判断法主要适用于综合致热型设备。对于油浸式套管、电流互感器等综合致热型设备，当缺陷由两种或两种以上因素引起，应根据运行电流、发热部位和性质，结合其他判断法，进行综合分析判断。对于因磁场和漏磁引起的过热，可根据电流致热型设备的特性进行判断。

（6）实时分析判断法。在一段时间内让红外热像仪连续检测/监测同一被测设备，观察、记录设备温度随负载、时间等因素的变化，并进行实时分析判断。多用于非常态大负荷试验或运行、带缺陷运行设备的跟踪和分析判断。

60. 什么是相对介质损耗因数？

答：两个电容型设备在并联情况下或异相相同电压下，在电容末端测得两个电流矢量差，对该差值进行正切换算，换算所得数值叫相对介质损耗因数。

61. 为什么电流互感器要增加相对介质损耗因数及电容量比值带电检测？

答：近几年电流互感器的故障率逐渐增加，故障特征主要为正常运行过程中油位异常或膨胀器变形、油中溶解气体氢气、甲烷等放电特征气体严重超标，主要原因是电容屏存在局部绝缘缺陷。相对介质损耗因数及电容量比值带电检测是通过将参考设备与被检测设备进行比较，规避了常规带电检测抽取参考电压时误操作的风险，电压互感器固有的测量角差不会对相对测量结果产生影响，可以显著提升介质损耗角测量精度。为及时发现互感器缺陷，保证其在例行试验周期之内正常运行，电流互感器必须增加相对介质损耗因数及电容量比值带电检测试验项目。

62. 相对介质损耗因数试验的注意事项有哪些？

答：相对介质损耗因数是例行试验项目。注意事项如下：

（1）开展此项测试需要停电对互感器末屏进行改造。

（2）可取异相电流互感器或同相的套管末屏电流与自身末屏电流相位差值的正切值。

（3）初值宜选取设备停电状态下的介质损耗因数为合格、带电后一周内检测的数值。

（4）相对设备一般选取设备停电例行试验数据比较稳定的设备，选择与被试设备处于同一母线或直接相连母线上的其他同相同类型设备；同一母线或直接相连母线上无同类型设备，可选同相异类电容型设备；双母线分裂运动的情况下，两段母线下所连接的设备应分别选择各自的参考设备进行带电检测工作；选定的参考设备一般不再改变，以便进行对比分析。

（5）相对介质损耗因数变化量＝｜本次试验值－初值｜。应不能大于 0.003。

（6）测试结果超出要求时应查明原因，必要时采用高压电桥停电检测。

63. 相对电容量比值试验的注意事项有哪些？

答：相对电容量比值是电流互感器的例行试验项目。注意事项如下：

（1）可取异相电流互感器或同相的套管末屏电流换算电容值与本身电容的比值。

（2）初值宜选取设备停电状态下的电容量为合格、带电后一周内检测的数值。

（3）相对设备一般选择停电例行试验数据比较稳定的设备，选择与被试设备处于同一母线或直接相连母线上的其他同相同类型设备；同一母线或直接相连母线上无同类型设备，可选择同相异类电容型设备；双母线分裂运动的情况下，两段母线下所连接的设备应分别选择各自的参考设备进行带电检测工作；选定的参考设备一般不再改变，以便进行对比分析。

（4）相对电容量比值初值差不能大于5％。

64. 电力设备实施带电检测的必要性是什么？

答：电力设备带电检测是发现设备潜伏性运行隐患的有效手段，是电力设备安全、稳定运行的重要保障。对电力设备的带电检测是判断运行设备是否存在缺陷，预防设备损坏并保证安全运行的重要措施之一。

65. 电力设备实施带电检测的原则是什么？

答：应以保证人员、设备安全、电网可靠性为前提，根据本地区实际情况（设备运行情况、电磁环境、检测仪器设备等），安排设备的带电检测工作。

66. 电力设备进行带电局部放电检测是如何进行缺陷判定的？

答：带电局部放电检测中，进行缺陷的判定时，应排除干扰，综合考虑信号的幅值、大小、波形等因素，确定是否具备局部放电特征。

67. 局部放电检测发现设备缺陷时可以定位吗？为什么？

答：不可以。因为电力设备互相关联，在某设备上检测到缺陷时，应当对相邻设备进行检测，正确定位缺陷。同时，采用多种检测技术进行联合分析定位。

68. 什么是超声波检测？

答：超声波检测是对频率为 $20 \sim 200 \mathrm{kHz}$ 的声信号进行采集、分析、判断的检测方法。根据传感器与被试样品是否接触，超声波检测分为接触式检测和非接触式检测。

69. 什么是高频局部放电检测？

答：高频局部放电检测是对频率为 $1 \sim 300 \mathrm{MHz}$ 的局部放电信号进行采集、分析、判断的检测方法，主要采用高频电流互感器、电容耦合传感器采集信号。当电缆发生局部放电时，通常会在其接地引下线或其他地电位连接线上产生脉冲电流。通过高频电流传感器检测流过接地引下线或其他地电位连接线上的高频脉冲电流信号，实现对电力设备局部放电的带电检测。高频局部放电检测系统一般由高频电流传感器、工频相位单元、信号采集单元、信号处理分析单元等构成。

70. 高频局部放电检测的要求有哪些？

答：检测时要求从套管末屏接地线、高压电缆接地线（变压器为电缆出线结构）、铁芯和夹件接地线上取信号。当怀疑有局部放电时，比较其他检测方法，如油中溶解气体分析、超高频局部放电检测、超声波检测等方法对该设备进行综合分析。

71. 高频法局部放电检测的标准是什么？

答：高频局部放电检测标准见表 3-6。

表 3-6　　　　　　　高频局部放电检测标准

设备状态	高频局部放电测试结果	图谱特征	放电幅值	判断标准	说明
缺陷	具有典型局部放电的检测图谱且放电幅值较大	放电相位图谱具有明显 180° 特征，且幅值正负分明	大于 500mV，并参考放电频率	具有典型局部放电的检测图谱	缺陷应密切监视，观察其发展情况，必要时停电检修。通常频率越低，缺陷越严重
异常	具有局部放电特征且放电幅值较小	放电相位图谱 180° 分布特征不明显，幅值正负模糊	小于 500mV，大于 100mV，并参考放电频率	在同等条件下同类设备检测的图谱有明显区别	异常情况缩短检测周期
正常	无典型放电图谱	没有放电特征	没有放电波形	无典型放电图谱	按正常周期进行

72. 什么是超高频局部放电检测？

答：超高频局部放电检测是对频率为 $100\sim3000\text{MHz}$ 的局部放电信号进行采集、分析、判断的带电检测方法。

73. 什么是振荡波局放检测？

答：振荡波局放检测是采用 LCR 阻尼振荡原理，由仪器高压直流电源对被试电缆充电至试验电压，关合高压开关，使仪器电抗、被试电缆电容和回路电阻构成 LCR 回路并发生阻尼振荡，在振荡电压作用下测量电缆内部潜在缺陷产生局部放电的检测方法。

74. 什么是暂态地电压检测?

答：暂态地电压检测是局部放电发生时在接地的金属表面将产生瞬时地电压，这个地电压将沿金属的表面向各个方向传播，通过检测地电压实现对电力设备局部放电的判别和定位的检测方法。

75. 什么是接地电流测量?

答：接地电流测量是指通过电流互感器或钳形电流表对设备接地回路的接地电流进行检测。

76. 什么是 SF_6 气体分解物检测?

答：SF_6 气体分解物的检测是在电弧、局部放电或其他不正常工作条件作用下，SF_6 气体将生成 SO_2、H_2S 等分解产物，通过对 SF_6 气体分解物的检测，判断设备运行状态的检测方法。

77. 什么是 SF_6 气体泄漏成像法检测?

答：SF_6 气体泄漏成像法检测是利用成像法技术（如激光成像法、红外成像法），实现 SF_6 设备的带电检漏和泄漏点的精确定位的检测方法。

78. 什么是金属护套接地系统?

答：金属护套接地系统是指为限制电缆金属护套感应电压，将电缆金属护套通过不同方式与地电位连接构成的完整系统。

79. 什么是紫外成像检测?

答：紫外成像检测是通过接收高压设备电晕放电时产生的紫外信号，确定电晕放电位置和强度，为进一步评估设备运行情况提供可靠依据的检测方法。

80. 什么是传统巡检？什么是智能巡检？

答：传统巡检就是以前的纸笔记录方式进行巡检，完成巡检后对结果进行汇总。

智能巡检是采用现代技术对巡检的过程进行全程跟踪并对巡检结果进行科学的统计和分析。具体而言，就是以现代技术预设巡检路线，自动传输设备检测数值，发现异常自动上报，采用通络通信、射频识别等技术确保巡检人员的真实到位，同时实现巡检全过程的可视化。

81. 什么是智能巡检机器人？

答：智能巡检机器人是以移动机器人作为载体，以可见光摄像机、红外热成像仪器、其他检测仪器作为载荷系统，以机器视觉-电磁场-GPS-GIS多场信息融合作为机器人自主移动与自主巡检的导航系统，以嵌入式计算机作为控制系统的软硬件开发平台，如无人机智能巡检、AR智能巡检眼镜、多光谱巡检、智能穿戴设备等。

82. 在线监测装置是指什么？

答：在线监测装置指安装在被监测设备附近或之上，能自动采集处理被监测设备的状态数据，并能和状态监测代理、综合监测单元或状态接入控制器进行信息交换的一种数据采集、处理与通信装置。

83. 在线监测信息分为几类？分别是什么？

答：根据在线监测装置所监测的输变电设备状态量的幅值大小或变化趋势，将设备状态信息分为正常信息、三级告警信息、二级告警信息和一级告警信息四类。

（1）正常信息表示输变电设备状态量稳定，设备对应状态正常。

（2）三级告警信息表示输变电设备状态量变化趋势朝相关标准中注意值的方向发展，但未超过注意值。设备可能存在隐患，需引起注意。

（3）二级告警信息表示输变电设备状态量超过注意值，或变化趋势明显。设备可能存在或可能发展为缺陷，需加强监视。

（4）一级告警信息表示输变电设备状态量超过相关标准限值，或变化趋势明显。设备已存在缺陷并有可能发展为故障，需采取相应措施。

84. 变压器油色谱监测装置监测参数有哪些？报警值分别是多少？

答：变压器油色谱监测装置根据氢气、一氧化碳、二氧化碳、甲烷、乙烷、乙烯、乙炔七种气体参数和总烃监测数值设置报警值。

（1）变压器油色谱监测报警参数及预警值见表3-7。

表3-7　　　　　变压器油色谱监测报警参数及预警值

序号	电压等级 /kV	报警参数	正常范围 /(μL/L)	三级预警值 /(μL/L)	二级预警值 /(μL/L)	一级预警值 /(μL/L)
1	110及以上	氢气	<120	120~150 （不含）	150~600	>600
2	110及以上	一氧化碳	<1200	1200~1500 （不含）	1500~2000	>2000
3	110及以上	二氧化碳	<12000	12000~15000 （不含）	15000~20000	>20000
4	110及以上	甲烷	<80	80~100 （不含）	100~200	>200
5	110及以上	乙烷	<120	120~150 （不含）	150~450	>450

序号	电压等级/kV	报警参数	正常范围/(μL/L)	三级预警值/(μL/L)	二级预警值/(μL/L)	一级预警值/(μL/L)
6	110 及以上	乙烯	<120	120～150（不含）	150～450	>450
7	110/220	乙炔	<4	4～5（不含）	5～10	>10
8	500	乙炔	<0.8	0.8～1（不含）	1～2	>2
9	110 及以上	总烃	<120	120～150（不含）	150～450	>450

（2）变压器油中微水监测信息也会设定报警值，各级信息数据与预警值情况见表 3 - 8。

表 3 - 8　　　　　　变压器油中微水报警值

序号	电压等级/kV	报警参数	正常范围/(mg/L)	三级预警值/(mg/L)	二级预警值/(mg/L)	一级预警值/(mg/L)
1	110/220	水分	<20	20～25（不含）	25～33	>33
2	500	水分	<12	12～15（不含）	15～20	>20

（3）变压器铁芯/夹件接地电流监测装置根据铁芯/夹件接地电流数值，设置报警值，详细信息见表 3 - 9。

表 3 - 9　　　　　　变压器铁芯/夹件接地电流报警值

序号	电压等级/kV	报警参数	正常范围/mA	三级预警值/mA	二级预警值/mA	一级预警值/mA
1	110 及以上	铁芯电流	<100	100～200（不含）	200～300	>300
2	110 及以上	夹件电流	<100	100～200（不含）	200～300	>300

85. 金属氧化物避雷器泄漏电流监测装置报警值是多少?

答:金属氧化物避雷器泄漏电流监测装置的报警值见表 3-10。

表 3-10　　　　　　金属氧化物避雷器泄漏电流报警值

序号	电压等级 /kV	报警参数	正常范围 /mA	三级预警值 /mA	二级预警值 /mA	一级预警值 /mA
1	110 及以上	阻性电流	<1.2 倍初始值	1.2~1.5 倍初始值(不含)	1.5~2.0 倍初始值	>2.0 倍初始值
2	110 及以上	全电流	<1.1 倍初始值	1.1~1.3 倍初始值(不含)	1.3~1.5 倍初始值	>1.5 倍初始值

注:初始值为在线监测装置正常运行后一个月内测量数据的平均值。

86. 输电线路监测装置有哪些?

答:输电线路监测装置包括气象、杆塔倾斜、风偏、微风振动、导线覆冰、现场污秽度监测装置等。

87. 输电线路气象监测参数有哪些?

答:输电线路气象监测装置参数包含气温、湿度、风向、风速、气压、雨量、光辐射等。

88. 输电线路杆塔倾斜监测参数有哪些?

答:输电线路杆塔倾斜监测参数包含倾斜度、顺向倾斜度、横向倾斜度、顺向倾斜角、横向倾斜角。

89. 气象监测风速报警值是多少?

答:参照《110kV~750kV 架空输电线路设计规范》(GB

50545）设定气象监测风速报警值如下：

（1）正常范围：风速<21.6m/s。

（2）三级预警值：风速为 21.6～27m/s（不含）。

（3）二级预警值：风速为 27～29m/s。

（4）一级预警值：风速>29m/s。

对于大跨越线路可按照设计标准修正预警值。

90. 杆塔倾斜监测倾斜度报警值是多少？

答：参照《架空输电线路状态评价导则》（Q/ND 10502
06）来制订，各种杆塔类型的报警值见表 3－11。

表 3－11   杆 塔 报 警 值

序号	杆塔类型	正常范围	三级预警值	二级预警值	一级预警值
1	50m 及以上高度杆塔	倾斜度<4‰	倾斜度 4‰～10‰（不含）	倾斜度 10‰～15‰	倾斜度>15‰
2	50m 以下高度杆塔	倾斜度<8‰	倾斜度 8‰～15‰（不含）	倾斜度 15‰～20‰	倾斜度>20‰
3	钢筋混凝土电杆	倾斜度<8‰	倾斜度 8‰～20‰（不含）	倾斜度 20‰～25‰	倾斜度>25‰

91. 带电检测与停电检测是如何结合的？

答：带电检测是对常规停电检测的弥补，同时也是对停电
检测的指导；但是带电检测也不能解决全部问题，必要时，部分
常规项目还是需要停电检测，因此应以带电检测为主，辅以停电
检测。

92. 带电检测结果如何进行横向与纵向比较？

答：同样运行条件、同型号的电力设备之间的带电检测结
果进行横向比较，同一设备历次检测进行纵向比较，是有效的发
现潜在问题的方法。

93. 带电检测在什么情况下需要进行环境温度和湿度的测量?

答:带电检测在进行与温度和湿度有关的各种检测时(如红外热像检测等),应同时测量环境温度与湿度。

94. 进行带电检测时需要什么样的环境要求?

答:进行带电检测时,需要的环境要求如下:温度一般应高于5℃;室外检测应在良好天气进行,且空气相对湿度一般不高于80%。

95. 简述室外进行红外热像检测的合适时间。

答:室外进行红外热像检测宜在日出之前、日落之后或阴天进行。

96. 如何减少带电检测的干扰信号?

答:室内检测局部放电信号宜采取临时闭灯、关闭无线通信器材等措施,以减少干扰信号。

97. 带电检测发现严重缺陷时应采取哪些措施?

答:对可能立即造成事故或扩大损伤的缺陷(如涉及固体绝缘的放电性严重缺陷、产气速率超过标准注意值等),应尽快停电进行针对性诊断试验,或采取其他较稳妥的监测方案。

98. 带电检测测量时接线的注意事项是什么?

答:在进行带电检测时,接线应不影响被检测设备的安全可靠性。

99. 什么情况下带电检测结果需要进行关联分析?

答:当采用一种检测方法发现设备存在问题时,要采用其他可行的方法进行进一步联合检测。检测过程中发现异常信号时，应注意组合技术的应用，进行关联分析。

100. 对带电检测过程中的偶发信号如何处理？

答：当设备存在问题时，信号应具有可重复观测性，对于偶发信号应加强跟踪，并尽量查找偶发信号原因。

101. 对老旧设备如何进行局部放电带电检测？

答：对老旧设备带电高频局部放电检测时，需从末屏引下线抽取信号，很多老旧设备没有末屏引下线，不能有效进行带电检测，可以在工作中结合停电安装末屏端子箱和引下线，为带电检测创造条件。从末屏抽取信号时，尽量采用开口抽取信号，不影响被检测设备的安全可靠运行。

102. 在线检测的油中溶解气体分析要求有哪些？

答：对于 110(66)kV 及以上设备，除例行试验外，新投运、对核心部件或主体进行解体性检修后重新投运的变压器，在投运后的第 1 天、第 4 天、第 10 天、第 30 天各进行一次本项试验。若有增长趋势，即使小于注意值，也应缩短试验周期。烃类气体含量较高时，应计算总烃的产气速率。取样及测量程序参考 GB/T 7252，同时注意设备技术文件的特别提示。

当怀疑有内部缺陷（如听到异常声响）、气体继电器有信号、经历了过负荷运行以及发生了出口或近区短路故障时，应进行额外的取样分析。

已安装成熟的在线监测设备，可根据情况适当缩短在线检测周期，延长人工取样周期，注意离线数据和在线色谱的比对。

103. 油浸式变压器、并联电抗器比较成熟的在线监测设备有哪些？注意事项是什么？

答：油浸式变压器、并联电抗器比较成熟的在线监测设备包括红外热像检测（精确测温）、油中溶解气体分析、高频局部放电检测、铁芯/夹件接地电流测量、油中溶解气体分析设备。

可根据设备具体情况适当缩短在线检测周期，延长人工取样周期，注意离线数据和在线色谱的比对。

104. 高压套管诊断项目相对介质损耗因数的标准是什么？

答：（1）正常：初值差≤10％。

（2）异常：初值差＞10％，且≤30％。

（3）缺陷：初值差＞30％。

105. 高压套管诊断项目相对电容量比值的标准是什么？

答：（1）正常：初值差≤5％。

（2）异常：初值差＞5％，且≤20％。

（3）缺陷：初值差＞20％。

106. 避雷器运行中持续电流（阻性电流）的检测标准是什么？

答：（1）阻性电流初值差≤50％，且全电流≤20％。

（2）测量运行电压下的全电流、阻性电流或功率损耗，测量值与初始值比较，不应有明显变化，当阻性电流增加一倍时，必须停电检查。

（3）当阻性电流初值差达到50％时，适当缩短监测周期。

107. GIS 本体、罐式断路器检测超声波局部放电的检测标准是什么？

答：（1）正常：无典型放电波形或音响，且测量值≤5dB。

（2）异常：测量值＞5dB。

（3）缺陷：测量值＞10dB。

108. 开关柜检测超声波局部放电的检测标准是什么？

答：（1）正常：无典型放电波形或音响，且数值≤8dB。

（2）异常：测量值＞8dB，且测量值≤15dB。

（3）缺陷：测量值＞15dB。

109. 开关柜检测暂态地电压的检测标准是什么？

答：（1）正常：相对值≤20dB。

（2）异常：相对值＞20dB。

110. 高压电缆带电检测红外热像检测（精确测温）的标准是什么？

答：（1）对于外部金属连接部位，相间温差超过 6℃ 应加强监测，超过 10℃ 应申请停电检查。

（2）终端本体相间超过 2℃ 应加强监测，超过 4℃ 应停电检查。

111. 高压电缆带电检测电缆终端及中间接头超声波局部放电的检测标准是什么？

答：（1）正常：无典型放电波形或音响，且测量值≤0dB。

（2）异常：测量值＞1dB，且测量值≤3dB。

112. SF_6 气体绝缘变压器超声波局部放电的检测标准是什么？

答：（1）正常：无典型放电波形或音响，且测量值≤5dB。

（2）异常：测量值＞5dB。

（3）缺陷：测量值＞10dB。

113. 油浸式变压器及电抗器绝缘油试验对试验油的静置时间有什么要求？

答：油浸式变压器及电抗器的绝缘油试验应在充满合格油，静置一定时间，待气泡消除后方可进行。静置时间应按照制造厂规定执行，当制造厂无规定时，油浸式变压器及电抗器电压等级与充油后静置时间关系如下：110kV 及以下，需静置 24h 以上；220～330kV，需静置 48h 以上；500kV，需静置 72h 以上；750kV，需静置 96h 以上。

114. 进行状态检修试验时绝缘油试验温度与湿度要求分别是什么？

答：在进行与温度及湿度有关的绝缘油试验时，应同时测量被试物周围的温度及湿度。绝缘油试验应在良好天气且被试物及仪器周围温度不低于 5℃，空气相对湿度不高于 80％的条件下进行。对不满足上述温度、湿度条件下测得的试验数据，按照易受环境影响状态量的纵横比分析方法进行综合分析，以判断电气设备是否可以投入运行。

绝缘油试验时，应考虑环境温度的影响，对油浸式变压器、电抗器及消弧线圈，应以被试物上层油温作为测试温度，以便与制造厂及生产运行的测试温度的规定统一。

115. 试验时湿度对绝缘油试验有哪些影响？

答：有些试验结果的正确判断不单和温度有关，也和湿度有关。因为做外绝缘试验时，若相对湿度大于 80％，闪络电压会变得不规则，故尽可能不在相对湿度大于 80％的条件下进行试验。为此，规定试验时的空气相对湿度不宜高于 80％。但是根据我国的实际情况，北方寒冷，试验时温度上往往不能满足要求；南方潮湿，试验时湿度上往往不能满足要求，应进行综合分析，以判断电气设备是否可以投入运行。

116. 高压试验过程中的常温一般指多少度？

答：高压试验中，一般常温的范围为 $10\sim40℃$。

117. 进口设备的交接试验要求是什么？

答：进口设备的交接试验，应按照合同规定的标准执行；其相同试验项目的试验标准，不得低于国家规定的相关标准。

118. 新变压器油色谱分析气体指标各是多少？

答：新变压器油中总烃含量不超过 $20\mu L/L$，H_2 含量不超过 $10\mu L/L$，C_2H_2 含量不超过 $0.1\mu L/L$。

119. 新变压器油中含水量标准是多少？

答：当电压为 110(66)kV 时，油中水含量应不大于 20mg/L；当电压为 220kV 时，油中水含量应不大于 15mg/L；当电压为 $330\sim750$kV 时，油中水含量应不大于 10mg/L。

120. 绕组连同套管的直流电阻测试中不同容量相间差及线间差分别是多少？

答：对于 1600kVA 及以下三相变压器，各相绕组相间差不大于 4%；无中性点引出的绕组，线间各绕组线间差不应大于 2%。对于 1600kVA 以上变压器，各相绕组相间差不大于 2%；无中性点引出的绕组，线间各绕组线间差不应大于 1%。

121. 绕组直流电阻测试中相间互差是指什么？

答：绕组直流电阻测试中各相绕组相间互差指任意两绕组电阻之差，除以两者中的小者，再乘以 100% 得到的结果。

122. 变压器分接开关电压比与制造厂铭牌数据相比时允许偏差是多少？

答：对于电压小于 35kV、电压比小于 3 的变压器，电压比允许偏差为 -1% ~ 1%；对于其他变压器，额定分接下电压比允许偏差为 -0.5% ~ 0.5%；其他分接下电压比应在变压器阻抗电压值（%）的 1/10 以内，且允许偏差为 -1% ~ 1%。

123. 交接试验中变压器无电压情况下有载调压切换装置的检查要求是什么？

答：有载分接开关的手动操作不应少于 2 个循环、电动操作不应少于 5 个循环，其中电动操作时电源电压应为额定电压的 85% 及以上。操作应无卡涩，连动程序、电气和机械限位正常。

124. 变压器绕组连同套管的绝缘电阻值在交接试验中是如何规定的？

答：在交接试验中，变压器绕组连同套管的绝缘电阻值应不低于产品出厂试验值的 70% 或不低于 10000MΩ。

125. 交接试验中绕组连同套管的电容量及介质损耗因素（tanδ）的测试要求是什么？

答：在交接试验中，被测绕组的介质损耗因素 tanδ 值不宜大于产品出厂试验值得 130%，当大于 130% 时，可结合其他绝缘试验结果综合分析判断；变压器本体电容量与出厂值相比允许偏差应为 -3% ~ 3%。

126. 什么方法对油浸式变压器放电、过热等多种故障敏感、有效？

答：油浸式变压器油中色谱分析对放电、过热等多种故障敏感、有效，是目前有效的变压器检测手段。由于大型变压器感应电压试验时间较长，严重的缺陷可能产生微量其他气体，故要进行耐压试验后色谱分析。考虑到气体在油中的扩散过程，规定试验结束 24h 后取样，进行色谱分析。

127. SF₆气体绝缘变压器的 SF₆气体试验要求是什么?

答：在 SF_6 气体绝缘变压器的 SF_6 气体试验中，要求含水量用 20℃的体积分数表示时，不宜大于 $250\mu L/L$。当温度不同时，应与温湿度曲线核对，进行相应核算。

128. 不同电压等级下油浸式变压器绕组绝缘电阻的最低允许值是多少?

答：不同电压等级下，考虑到变压器的选用材料、产品结构、工艺方法以及测量时的温度、湿度等因素的影响，难以确定出统一的变压器绕组电阻的允许值，故根据《电力设备预防性试验规程》（DL/T 596—1996）规定，油浸式电力变压器绕组绝缘电阻的最低允许值见表 3-12，当无出厂报告时可以参考。

表 3-12　　油浸式电力变压器绕组绝缘电阻的最低允许值　单位：MΩ

高压绕组电压等级/kV	温　度/℃								
	5	10	20	30	40	50	60	70	80
3~10	540	450	300	200	130	90	60	40	25
20~35	720	600	400	270	180	120	80	50	35
63~330	1440	1200	800	540	360	240	160	100	70
500	3600	3000	2000	1350	900	600	400	270	180

129. 油浸式电力变压器绕组介质损耗因数 tanδ(%)最高允许值是多少?

答：根据《油浸式电力变压器技术参数和要求》（GB/T

6451) 的有关规定，油浸式电力变压器绕组介质损耗因数 tanδ(％) 最高允许值见表 3-13，当无出厂报告时可以参考。

表 3-13　油浸式电力变压器绕组介质损耗因数 tanδ(％) 最高允许值

高压绕组电压等级 /kV	温　度/℃							
	5	10	20	30	40	50	60	70
35 及以下	1.3	1.5	2.0	2.6	3.5	4.5	6.0	8.0
35～220	1.0	1.2	1.5	2.0	2.6	3.5	4.5	6.0
330～500	0.7	0.8	1.0	1.3	1.7	2.2	2.9	3.8

130. 220kV 及以上大容量变压器的吸收比采用 R_{10min}/R_{1min} 的原因是什么？

答：因为 220kV 及以上大容量变压器的绝缘电阻高，泄漏电流小，绝缘材料和变压器油的极化缓慢，时间常数可达 3min 以上，R_{60s}/R_{15s} 就不能准确地说明问题，因此吸收比需要采用测量 R_{10min}/R_{1min} 的数值，以适应此类变压器的吸收特征。实际测试中要获得准确的数值，还应注意测试仪器、测试温度和湿度等的影响。

131. 油浸式电力变压器绕组介质损耗因数如何进行横向比较？

答：同台油浸式变压器不同绕组的介质损耗因数相比，最大值不应大于最小值的 130％；同批次、同绕组相比，最大值不应大于最小值的 130％。220kV 及以上变压器介质损耗因数一般不超过 0.4。

132. 判断变压器绕组变形的有效方法是什么？

答：判断变压器绕组变形的有效方法是将频率响应法、低压短路阻抗试验法和变压器绕组电容量测试法三种方法进行综合。对于 35kV 及以下电压等级变压器，推荐采用低压短路阻抗法试验；对于 110(66)kV 及以上电压等级变压器，推荐采用频率响应法测量绕组特征图谱。进行试验时，分接开关位置应在 1 分接位。

133. 变压器长时感应电压试验的作用是什么？

答：变压器长时感应电压试验的作用是模拟瞬时过电压和连续运行电压作用的可靠性。

134. 目前检测变压器内部绝缘缺陷最有效的手段是什么？

答：变压器长时感应电压试验（ACLD）附加的局部放电测量是用于探测变压器内部非贯穿性缺陷的试验。变压器长时感应电压试验下局部放电测量作为质量控制试验，用来验证变压器运行条件下有无局放，是目前检测变压器内部绝缘缺陷最有效的手段。

135. 为什么无电流差动保护干式变压器的冲击重合闸试验的规定为 3 次？

答：因为无电流差动保护的干式变压器一般电量主保护是电流速断保护，其整定值躲开冲击电流的余度较差动保护要大，通过对变压器过多的冲击合闸来检验干式变压器及保护的性能意义不大，所以规定冲击 3 次。

136. 利用红外测温仪对电抗器箱壳表面进行温度测量的目的是什么？

答：主要目的是检查电抗器在带负荷运行中是否会由于漏磁而造成箱壳法兰螺丝的局部过热。若存在过热，最高可达到 200℃，为此有些制造厂对此采取磁短路屏蔽措施予以改进。

137. 电容型电流互感器的电容量与出厂试验值相比的要求是什么？

答：电容型电流互感器的电容量与出厂试验值比较，不应大于 5%。

138. 互感器介质损耗因素测量的注意事项有哪些？

答：（1）互感器的电容量较小，特别是串级式电压互感器，连接线、潮气、污秽、接地等因素的影响较大，测试数据分散性较大，宜在晴天、相对湿度小、试品清洁的条件下检测。

（2）电压互感器电容量在十几至三十几皮法范围内，不宜用介损仪测量介损。大量实测结果表明：介损测试仪的测量数据与高压电桥的测量数据差异较大。由于高压电桥的工作原理明确，结构清晰，宜以高压电桥的测量数据为准。

139. 为什么倒立式油浸式电流互感器宜采用反接线法测量介质损耗因数 $\tan\delta$ 和电容量？

答：倒立油浸式电流互感器有两种电容屏结构，其中的一种是二次线圈屏蔽直接接地，末屏连接的仅仅是套管部分的分布电容。这种结构电流互感器的基座安装在支柱上，主绝缘之间的容性电流直接接地，末屏容性电流仅反应套管部分的分布电容，失去了测量其 $\tan\delta$ 和电容量的意义。这种倒立油浸式电流互感器可以采用反接法测量 $\tan\delta$ 和电容量。用反接法测量 $\tan\delta$ 和电容量的仪器设备准确度均不高，测量数据的分散性较大，使用过程中要注意。

140. 为什么真空断路器不进行分合闸时平均速度的测试？

答：由于真空断路器行程很小，一般是用电子示波器及临时安装的辅助触头来测定触头实际行程与所耗时间（不包括操作及电磁转换等时间）。

141. 试验过程中高压开关设备额定电压的标准值是多少?

答：根据《高压开关设备和控制设备标准的共用技术要求》（GB/T 11022）的规定，额定电压是开关设备和控制设备所在系统的最高电压，额定电压的标准值如下：3.6kV、7.2kV、12kV、24kV、40.6kV、72.5kV、126kV、252kV、363kV、550kV、800kV。

142. 真空断路器触头弹跳时间过长的危害是什么?

答：在合闸过程中，真空断路器的触头接触后的弹跳时间是该断路器的主要技术指标之一。弹跳时间过长，弹跳次数也必然增大，引起的操作过电压也高，这样对电气设备的绝缘及安全运行也极为不利。

143. 真空断路器触头弹跳时间是如何规定的?

答：对于 40.5kV 以下真空断路器，不应大于 2ms；对于 40.5kV 及以上真空断路器，不应大于 3ms。对于 10kV 部分大电流的真空断路器，因其惯性大，确实存在部分产品的弹跳时间不能满足小于 2ms 的现象，但也是合格产品。

144. 在交接试验时罐式断路器为什么应进行耐压试验?

答：在交接试验中，考虑到罐式断路器外壳是接地的金属外壳，内部遗留杂物、安装工艺不良或运输中引起的内部零件位移，都可能改变原设计的电场分布而造成薄弱环节和隐患，这就可能会在运行中造成重大事故，故要求进行耐压试验。

145. 为什么瓷柱式断路器耐压试验不做规定?

答:瓷柱式断路器其外壳是瓷套,对地绝缘强度高,变开距瓷柱式断路器断口开距大,故对该类设备的对地及断口耐压试验均不做规定。

146. 为什么密封试验应在断路器充气 24h 以后且开关操动试验后进行?

答:因为在多个现场曾发现静态密封试验合格的开关,经过操动试验后,轴封等处发生泄漏的情况,所以规定密封试验应在断路器充气 24h 以后,且开关操动试验后进行密封试验。

147. 为什么 SF_6 气体密度继电器安装前应进行准确度检查?

答:SF_6 气体密度继电器是带有温度补偿的压力测定装置,能区分 SF_6 气室的压力变化是由于温度变化还是由于严重泄漏引起的不正常压降。因此安装气体密度继电器前,应先检验其本身的准确度,然后根据产品技术条件的规定,调整好补气报警、闭锁合闸及闭锁分闸等的整定值。

148. 油浸式电力变压器、电抗器和消弧线圈油中溶解气体分析注意事项有哪些?

答:(1) 取样及测量程序参考《变压器油中溶解气体分析和判断导则》(DL/T 722),同时注意设备技术文件的特别提示。

(2) 对于 110kV 及以上变压器油中一旦出现乙炔,即应缩短检测周期,跟踪变化趋势。

(3) 除例行试验外,新投运、对核心部件或主体进行解体性检修后重新投运的变压器,在投运后的第 1 天、第 4 天、第 10 天、第 30 天各进行一次本项试验。若有增长趋势,即使小于注意值,也应缩短试验周期。烃类气体含量较高时,应计算总烃的产气速率。

（4）当怀疑有内部缺陷（如听到异常声响）、气体继电器有信号、经历了过负荷运行以及发生了出口或近区短路故障，应增加取样分析。

（5）如气体分析虽已出现异常，但判断不至于危及绕组和铁芯安全时，可在超过注意值较大的情况下运行。

（6）多组分油中溶解气体在线监测装置应在每年6月夏季用电高峰和每年1月冬季用电高峰前分别进行一次与离线检测数据的比对分析。

（7）对于封闭式电缆出线的变压器，当电缆侧绕组不进行定期试验时，应适当缩短油中溶解气体色谱分析检测周期。

149. 如何利用油中溶解气体分析识别设备故障？

答：充油电气设备内部的油纸绝缘材料，正常运行时在热和电的作用下，会逐渐老化和分解，产生少量的氢气、低分子烃类气体及 CO、CO_2 等气体；在热和电故障的情况下，也会产生这些气体。这两种来源的气体在技术上无法区分开，在数值上也没有严格的界限，而且与负荷、温度、油中的 O_2 含量和含水量、油的保护系统和循环系统等许多可变因素有关。因此，根据《变压器油中溶解气体分析和判断导则》（DL/T 722—2014）中的规定，在判断设备是否存在故障及其故障的严重程度时，应根据气体含量的绝对值、增长速率以及设备的运行状况、结构特点、外部环境等因素进行综合判断。有时设备内并不存在故障，而由于其他原因，在油中也会出现上述气体，要注意这些可能引起误判断的气体来源。为了识别故障，提出了气体含量和产气速率的注意值。

150. 油浸式电力变压器油中溶解气体含气量注意值是划分设备状态等级的标准吗？为什么？

答：不是。因为油浸式电力变压器油中溶解气体含气量注意值是指特征气体的含量或增量需引起关注的数值，不是划分设

备状态等级的标准。当超过注意值时，应缩短检测周期，并结合其他判断方法进行综合分析。

151. 为什么要进行气体产气率分析？

答：因为仅仅根据设备中气体增长率注意值的绝对值是很难对故障的严重性作出正确判断的。故障常常以低能量的潜伏性故障开始，若不及时采取相应的措施，可能会发展成较严重的高能量的故障。因此，必须考虑故障的发展趋势，也就是故障点的产气速率。产气速率与故障消耗能量大小、故障部位、故障点的温度等有直接关系。

152. 在什么情况下需要对烃类气体进行产气率分析？

答：在进行油中溶解气体分析过程中，当总烃含量较高时，应计算总烃的产气速率。总烃含量较低时，不宜采用相对产气速率进行判断。如对于乙炔，小于 $0.1\mu L/L$，且总烃小于新设备投运要求时，可以不对总烃的绝对产气速率进行分析。

153. 油浸式电力变压器油中溶解气体分析注意值要求是多少？

答：正常情况下，330kV 及以上电压等级乙炔含量应不大于 $1\mu L/L$，其他电压等级乙炔含量应不大于 $5\mu L/L$。氢气含量应不大于 $150\mu L/L$。总烃含量应不大于 $150\mu L/L$；变压器油的保护方式为密封式时，总烃的绝对产气速率不大于 $12mL/d$；变压器油的保护方式为开放式时，总烃的绝对产气速率不大于 $6mL/d$。总烃的相对产气速率不大于 $10\%/$月。

154. 油浸式电力变压器油中溶解气体分析注意值的应用原则是什么？

答：在识别设备是否存在故障时，不仅要考虑油中溶解气体含量及产气率注意值，还应注意以下应用原则：

（1）气体含量注意值不是划分设备内部有无故障的唯一标准。当气体浓度达到注意值时，应缩短检测周期，结合产气速率进行判断。若气体含量超过注意值，但长期稳定，可在超过注意值的情况下运行；另外，气体含量虽低于注意值，但产气速率超过注意值，也应缩短检测周期。

（2）对330kV及以的电压等级变压器，当油中首次检测到乙炔（$\geqslant 0.1\mu L/L$）时，应引起注意。

（3）当产气速率突然增长或故障性质发生变化时，须视情况采取必要措施。

（4）影响油中氢气含量的因素较多，若仅氢气含量超过注意值，但无明显增长趋势，也可判断为正常。

（5）注意区别非故障情况下的气体来源，进行综合分析。

155. 气体密封性检测注意事项及要求是什么？

答：注意事项：当气体密度（压力）显示有所降低，或定性检测发现气体泄漏时，应进行气体密封性检测，用以判断设备气密性是否满足要求。正常情况下，SF_6气体绝缘电力变压器气密性应不大于 0.1%/a，SF_6 断路器气密性应不大于 0.5%/a，充气式套管气密性应不大于 1%/a，或符合设备技术文件要求。

156. SF_6气体绝缘电力变压器气体密度表校验注意事项是什么？

答：当数据显示异常或达到制造商推荐的校验周期时，进行气体密度表校验，用以判断 SF_6 气体绝缘电力变压器检验表计性能是否满足要求。校验按设备技术文件要求进行，必须符合设备技术文件要求。

157. 电流互感器外观巡检内容及要求是什么？

答：（1）高压引线、接地线等连接正常，本体无异常声响或放电声，瓷套无裂纹，复合绝缘外套无电蚀痕迹或破损，无影响设备运行的异物。

（2）充油的电流互感器，无油渗漏，油位正常，膨胀器无异常升高；充气的电流互感器，气体密度值正常，气体密度表（继电器）无异常。

（3）二次电流无异常。

158. 电容式电压互感器的分压电容器试验的电容量初值及变化要求是什么？

答：电容量初值为出厂实测值或首次现场试验值，不是铭牌所标注的额定电容量，电容量初值差不超过$-2\%\sim2\%$。若以铭牌标注额定电容量作为初值，《电气装置安装工程 电气设备交接试验标准》（GB 50510）规定，分压器额定电容量与实测电容量允许存在$-5\%\sim10\%$的偏差。

159. 电容式电压互感器的分压电容器试验的介质损耗要求是什么？

答：正常情况下，油纸绝缘电容式电压互感器的介质损耗因数不超过 0.005；膜纸复合电容式电压互感器的介质损耗因数不超过 0.0025。

160. 高压套管巡检内容及要求是什么？

答：（1）高压引线、末屏接地线等连接正常，无异常声响或放电声，瓷套无裂纹，复合绝缘外套无电蚀痕迹或破损，无影响设备运行的异物。

（2）充油套管油位正常、无油渗漏，充气套管气体压力正常。

（3）套管的外观检查，其中充油套管还需要进行油位及渗漏检查，充气套管需要进行气体密度值检查。

161. 高压套管绝缘电阻测试注意事项是什么？

答：（1）采用2500V兆欧表测量。

（2）正常情况下，套管主绝缘的绝缘电阻应不小于10000MΩ（注意值），电容型套管末屏对地绝缘的绝缘电阻应不小于1000MΩ（注意值）。

162. 正常情况下电容型高压套管电容量和介质损耗因数 tanδ （20℃）的测试要求分别是多少？

答：（1）电容量初值差不超过−5％～5％（警示值）。

（2）介质损耗因数按照绝缘方式不同应符合下列要求（注意值）：

1）500kV及以上应不大于0.006（内蒙古电网规定不大于0.005）。

2）其他电压等级要求。油浸纸绝缘套管、胶浸纸绝缘套管tanδ不大于0.007；胶粘纸绝缘套管、浇筑或模塑树脂绝缘套管tanδ不大于0.015；气体浸渍膜绝缘套管、气体绝缘电容式绝缘套管、油脂覆膜绝缘套管、胶浸纤维绝缘套管 tanδ 不大于0.005；其他绝缘方式的套管由供需双方商定。

163. 电容型高压套管电容量和介质损耗因数 tanδ （20℃）的测量注意事项是什么？

答：（1）对于变压器的电容型套管，被测套管所属绕组短路加压，其他绕组短路接地，末屏接电桥，正接线测量。如果试验电压加在套管末屏的试验端子上，则必须严格控制在设备技术文件许可值以下（通常为2000V），否则可能导致套管损坏。

（2）20kV 以下纯瓷套管及与变压器油连通的油压式套管不测量 tanδ。

（3）测量前应确认外绝缘表面清洁、干燥。如果测量值异常（测量值偏大或增量偏大），可测量 tanδ 与测量电压之间的关系曲线。测量电压从 10kV 到 $U_m/\sqrt{3}$，tanδ 的增量应不大于 ±0.0015，且 tanδ 不超过 0.007（$U_m \geqslant 550kV$）、0.008（U_m 为 363kV/252kV）、0.01（U_m 为 126kV/72.5kV）。

（4）油纸电容型套管的 tanδ 一般不进行温度换算，但分析时应考虑测量温度影响。

（5）5% 的电容量变化率对于不同电压等级的电容型套管，设备劣化程度也不同。不同电压等级的电容型套管，其电容屏数量差异较大，若均为一个电容屏发生击穿故障，测试电容变化率存在较大差异。因此，当较高电压等级的套管测试电容量突然增大，不管是不是超出 5% 的警示值，都应取绝缘油开展油中溶解气体色谱分析。若放电特征气体 H_2、CH_4 增量明显，且电容量变化率与估算结果相近，则预示着套管电容屏击穿。

164. 电容型高压套管油中溶解气体诊断的注意事项及要求分别是什么？

答：一、注意事项

在怀疑绝缘受潮、劣化，或者怀疑内部可能存在过热、局部放电等缺陷时，进行油中溶解气体诊断。取样时，务必注意设备技术文件的特别提示（如果有），并检查油位应符合设备技术文件的要求。

二、气体分析要求

（1）220kV 及以上乙炔含量不大于 $1\mu L/L$，其他电压等级乙炔含量不大于 $2\mu L/L$（注意值）。

（2）氢气含量不大于 $500\mu L/L$（内蒙古电网规定不超过

186

$140\mu L/L$)(注意值)。

(3)甲烷含量不大于 $100\mu L/L$(内蒙古电网规定不超过 $40\mu L/L$)(注意值),同时应根据气体含量有效比值进一步分析。

165. 高压套管交流耐压和局部放电测量的注意事项是什么?

答:(1)需要验证绝缘强度或诊断是否存在局部放电缺陷时进行本项目。如有条件,应同时测量局部放电。交流耐压为出厂试验值的 80%,时间为 60s。

(2)对于变压器(电抗器)套管,应拆下并安装在专门的油箱中单独进行。

(3)局部放电的正常要求:油浸纸、复合绝缘、树脂浸渍、充气绝缘:应不大于 10pC;树脂粘纸(胶纸绝缘)绝缘:应不大于 100pC(注意值)。

166. 充气式套管气体密度表(继电器)校验的注意事项是什么?

答:当表计数据显示异常或达到制造商推荐的校验周期时,进行本项目,用以判断检验表计性能是否满足要求。校验按设备技术文件要求进行,应符合设备技术文件要求。

167. 充气式套管高频局部放电检测的注意事项是什么?

答:(1)充气式套管高频局部放电检测用以判断是否存在异常局部放电。检测可从套管末屏接地线上取信号。

(2)当怀疑有局部放电时,应结合其他检测方法的检测结果进行综合分析。当套管应用于变压器或电抗器时,其内部局部放电会在套管测试数据表征出来,因此要结合变压器或电抗器本体测试结果综合分析。

输变电设备状态检修技术问答

168. 断路器主回路电阻测量标准及要求分别是什么?

答：一、测量标准

正常情况下，SF_6断路器主回路电阻不能大于制造商规定值（注意值），且不大于交接试验的120%；真空断路器的初值差应小于30%。

二、测量要求

（1）在合闸状态下，测量进、出线之间的主回路电阻。测量电流可取100A到额定电流之间的任一值。

（2）当红外热像显示断口温度异常、相间温差异常，或自上次试验之后又有100次以上分、合闸操作时，也应进行本项目。

169. 断路器例行检查和测试内容及要求分别是什么?

答：（1）轴、销、锁扣和机械传动部件检查，如有变形或损坏应予更换。

（2）瓷绝缘件清洁和裂纹检查。

（3）操动机构外观检查，按力矩要求抽查螺栓、螺母是否有松动，检查是否有渗漏等。

（4）检查操动机构内、外积污情况，必要时需进行清洁。

（5）检查是否存在锈迹，如有需要，进行防腐处理。

（6）按设备技术文件要求对操动机构机械轴承等活动部件进行润滑。

（7）分、合闸线圈电阻检测，检测结果应符合设备技术文件要求，没有明确要求时，以线圈电阻初值差不超过±5%作为判据。

（8）储能电动机工作电流及储能时间检测，检测结果应符合设备技术文件要求。储能电动机应能在85%～110%的额定电压下可靠工作。

（9）检查辅助回路和控制回路电缆、接地线是否完好；用1000V兆欧表测量电缆的绝缘电阻，应无显著下降。

（10）缓冲器检查，按设备技术文件要求进行。

188

（11）防跳跃装置检查，按设备技术文件要求进行。

（12）联锁和闭锁装置检查，按设备技术文件要求进行。

（13）在合闸装置额定电源电压的85％～110％范围内，并联合闸脱扣器应可靠动作；在分闸装置额定电源电压的65％～110％（直流）或85％～110％（交流）范围内，并联分闸脱扣器应可靠动作；当电源电压低于额定电压的30％时，脱扣器不应脱扣。

（14）在额定操作电压下测试时间特性。要求合、分指示正确，辅助开关动作正确；合、分闸时间，合、分闸不同期，合-分时间满足技术文件要求且没有明显变化；必要时，测量行程特性曲线做进一步分析。除有特别要求的之外，相间合闸不同期不大于5ms，相间分闸不同期不大于3ms；同相各断口合闸不同期不大于3ms，同相分闸不同期不大于2ms。

（15）对于液（气）压操动机构，还应进行下列各项检查或试验，结果均应符合设备技术文件要求：

1）机构压力表、机构操作压力（气压、液压）整定值和机械安全阀校验。

2）分闸、合闸及重合闸操作时的压力（气压、液压）下降值。

3）在分闸和合闸位置分别进行液（气）压操动机构的泄漏试验。

4）对于液压机构及气动机构，进行防失压慢分试验和非全相合闸试验。

170. SF_6断路器巡检项目及要求是什么？

答：一、巡检项目

巡检项目包括外观检查、气体密度值检查和操作机构状态检查。

二、巡检要求

（1）外观无异常，无异常声响，高压引线、接地线连接正常，瓷件无破损、无异物附着。

（2）气体密度值正常，密度符合设备技术文件要求。

（3）加热器功能正常（每6个月）。

（4）操动机构状态正常（液压机构油压正常，气动机构气压正常，弹簧机构弹簧位置正确）。

（5）记录开断短路电流值及发生日期，记录开关设备的操作。

171. SF_6 断路器断口间并联电容器电容量和介质损耗因数 tanδ 标准及要求分别是什么？

答：一、标准

（1）正常情况下，电容量初值差不超过 $-5\%\sim5\%$（警示值）。

（2）正常情况下，介质损耗因数 tanδ：油浸纸绝缘不大于 0.005；膜纸复合绝缘不大于 0.0025（注意值）。

二、要求

要求在分闸状态下测量。对于瓷柱式断路器，与断口一起测量；对于罐式断路器（包括 GIS 中的断路器），按设备技术文件规定进行。测试结果不符合要求时，可对电容器独立进行测量。

172. SF_6 断路器合闸电阻阻值及合闸电阻预接入时间测量注意事项是什么？

答：（1）预接入时间应符合设备技术文件要求。

（2）SF_6 断路器合闸电阻阻值初值差不超过 $-5\%\sim5\%$（注意值）。

（3）同等测量条件下，合闸电阻的初值差应满足要求；合闸电阻的预接入时间按设备技术文件规定校核；对于不解体无法测量的情况，只在解体性检修时进行。

173. SF_6 断路器检测中合-分时间是如何定义的？

答：合-分时间是指合分闸操作中，从合闸操作的第一极触头接触时刻到随后的分闸操作中所有极中弧触头都分离时刻的时间间隔。这个时间过去曾称之为金属短接时间，是断路器动、静触头在重合闸过程中的第一个"合"开始机械性接触起，直到重合闸第二个"分"又机械性地脱离接触止的时间间隔，代表重合又再分时动、静触头处于接通的时间区段。

174. 为什么 SF_6 断路器检测合-分时间要定一个范围?

答：断路器的合-分时间过长时，对系统稳定性有不利的影响，而合-分时间过短时，又不利于断路器重合闸时第二个"分"的可靠开断，因此合-分时间应该有个范围。国家电网公司 2015 版物资采购标准要求，具备重合闸功能的断路器合-分时间不大于 50ms。

175. SF_6 断路器 SF_6 气体湿度检测注意事项是什么?

答：（1）SF_6 气体的含水量测定应在断路器充气 24h 后进行。

（2）新装及大修后 1 年内复测 1 次。

（3）正常运行情况下，SF_6 断路器 SF_6 气体湿度不超过 $300\mu L/L$（注意值）。

176. SF_6 断路器交流耐压试验的要求是什么?

答：（1）交流耐压试验，对核心部件或主体进行解体性检修之后或必要时，为判断 SF_6 断路器的绝缘介质强度是否满足要求，进行本试验。

（2）包括相对地（合闸状态）和断口间（罐式、瓷柱式定开距断路器，分闸状态）两种方式。

（3）试验在额定充气压力下进行。试验电压为出厂试验值的 80%，频率不超过 300Hz，耐压时间为 60s。

177. SF_6 断路器分、合闸速度测量要求是什么?

答：（1）SF_6 断路器分、合闸速度测量用来判断机构性能

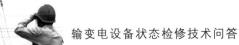

是否满足要求。

（2）分合闸速度满足技术文件要求，与出厂试验数据相比无明显差异。

（3）应在断路器的额定操作电压、气压或液压下进行，测量方法按制造厂要求。

178. 真空断路器外观巡检的内容及要求是什么？

答：（1）外观无异常，高压引线、接地线连接正常，瓷件无破损、无异物附着。

（2）操动机构状态检查正常（液压机构油压正常、气压机构气压正常、弹簧机构弹簧位置正确）。

（3）记录开断短路电流值及发生日期，记录开关设备的操作次数。

179. 真空断路器绝缘电阻测量的注意事项是什么？

答：（1）整体绝缘电阻参照制造厂规定或自行规定。

（2）断口和用有机物制成的提升杆的绝缘电阻不应低于如下数值（20℃）：12kV，300MΩ；40.5kV，1000MΩ；72.5kV，3000MΩ。

（3）采用 2500V 兆欧表测量，分别在分、合闸状态下进行，要求绝缘电阻大于 3000MΩ，绝缘电阻应没有显著下降。测量时，注意外绝缘表面泄漏的影响。

180. 真空断路器交流耐压试验的注意事项是什么？

答：（1）交流耐压试验，对核心部件或主体进行解体性检修之后或必要时，为判断真空断路器的绝缘介质强度是否满足要求，进行本试验。

（2）包括相对地（合闸状态）、断口间（分闸状态）和相邻相间 3 种方式。

（3）试验电压为出厂试验值的 100%，频率不超过 400Hz，耐压时间为 60s。

（4）内蒙古电网规定：断路器在分、合闸状态下分别进行，试验电压为出厂试验值的 80%，出厂试验电压不明确的，按照 DL/T 593 规定值的 80%执行。

181. 隔离开关和接地开关外观检查的内容是什么？

答：（1）检查是否有影响设备安全运行的异物。

（2）检查支柱绝缘子是否有破损、裂纹。

（3）检查传动部件、触头、高压引线、接地线等外观是否有异常。

（4）检查分、合闸位置及指示是否正确。

182. 隔离开关和接地开关例行检查的要求是什么？

答：（1）就地和远方各进行 2 次操作，检查传动部件是否灵活。

（2）接地开关的接地连接良好。

（3）检查操动机构内、外积污情况，必要时需进行清洁。

（4）抽查螺栓、螺母是否有松动，是否有部件磨损或腐蚀。

（5）检查支柱绝缘子表面和胶合面是否有破损、裂纹。

（6）检查动、静触头的损伤、烧损和脏污情况，情况严重时应予更换。

（7）检查触指弹簧压紧力是否符合技术要求，不符合要求的应予更换。

（8）检查联锁装置功能是否正常。

（9）检查辅助回路和控制回路电缆、接地线是否完好；用 1000V 兆欧表测量电缆的绝缘电阻，应无显著下降。

（10）检查加热器功能是否正常。

（11）按设备技术文件要求对轴承等活动部件进行润滑。

183. 在什么情况下隔离开关和接地开关需要测主回路电阻？

答：有下列情形之一，隔离开关和接地开关需要测量主回路电阻：

（1）红外热像检测发现异常。

（2）上一次测量结果偏大或呈明显增长趋势，且又有 2 年未进行测量。

（3）自上次测量之后又进行了 100 次以上分、合闸操作。

（4）对核心部件或主体进行解体性检修之后。

测量电流可取 100A 到额定电流之间的任一值，测量方法参考 DL/T 593。

184. 在什么情况下隔离开关和接地开关需要对支柱绝缘子进行超声探伤检查？

答：有下列情形之一时，对支柱绝缘子进行超声探伤抽检：

（1）有此类家族性缺陷，隐患尚未消除。

（2）经历了 5 级以上地震。

（3）出现基础沉降。

185. 高压开关柜巡检的要求是什么？

答：（1）外观无异常，柜门未变形，柜体密封良好，螺丝连接紧密。

（2）照明、温控装置工作正常，风机运转正常。

（3）储能状态指示正常，带电显示、开关分合闸状态指示正确。

（4）电流表、电压表指示正确。

（5）操作次数满足运规要求，现场检查无异常。

（6）设备运行中无异常振动、声响、异味。

186. 高压开关柜例行检查的要求是什么？

答：（1）清扫开关柜内设备外绝缘及绝缘子。

（2）检查开关柜内支柱绝缘子及瓷护套的外表面及法兰封装处，若有裂纹应及时处理或更换，必要时进行超声探伤检查。

（3）检查开关柜内各连接法兰及固定螺栓等金属件是否出现锈蚀，必要时进行防腐处理或更换；抽查固定螺栓，必要时按力矩要求进行紧固。

（4）检查柜体接地情况，防止运行中柜体电位悬浮。

187. 高压开关柜绝缘电阻的要求是什么？

答：采用 2500V 兆欧表，一般不应小于 50MΩ，在交流耐压前、后分别进行测量。

188. 高压开关柜交流耐压试验试验电压的要求是什么？

答：开关柜交流耐压试验试验电压加压方式如下：合闸时各相对地及相间，分闸时各相断口；相间、相对地及断口的试验电压相同；断路器能分离开来的应单独进行，如柜内设备同时进行试验时，试验电压按部件中最低耐受试验电压的部件选取试验电压。试验电压为出厂试验值的 80%。出厂试验电压不明确的，按照 DL/T 593 规定值的 80% 执行。

189. 高压开关柜导电回路电阻的要求是什么？

答：（1）在合闸状态下，测量进、出线之间的主回路电阻。测量电流可取 100A 到额定电流之间的任一值，测量方法和要求参考 DL/T 593。

（2）当红外热像显示断口温度异常、相间温差异常，或自上次试验之后又有 100 次以上分、合闸操作，也应进行本项目。

（3）运行中，导电回路电阻一般不能大于制造厂规定的 1.5 倍。

190. 高压开关柜的五防功能是指什么？

答：防止误分误合断路器，防止带负荷拉、合隔离开关，防止带电（挂）合接地（线）开关，防止带接地（线）开关合断路器，防止误入带电间隔。

191. 耦合电容器巡检的要求是什么？

答：耦合电容器巡检就是对外观进行检查。要求电容器无油渗漏，瓷件无裂纹，无异物附着，高压引线、接地线连接正常。

192. 正常情况下耦合电容器电容量和介质损耗因数 $\tan\delta$ 的标准是什么？

答：（1）耦合电容器的电容量初值差不超出 $-2\% \sim 2\%$（警示值）。

（2）耦合电容器的电容量与额定电容值的偏差不超出 $-5\% \sim 10\%$ 的范围。

（3）耦合电容器电容叠柱中任何两单元的实测电容之比值与这两个单元的额定电压之比值的倒数之差不大于 5%。

（4）耦合电容器介质损耗因数 $\tan\delta$：膜纸复合绝缘不能大于 0.0025；油浸纸绝缘不能大于 0.005（注意值）。

（5）测量前应确认外绝缘表面清洁、干燥；测量时应注意，多节串联的，应分节测量；分析时应注意温度影响。

193. 高压并联电容器和集合式电容器外观检查的要求是什么？

答：外观无异常，电容器无油渗漏、无鼓起；高压引线、接地线连接正常。

194. 高压并联电容器和集合式电容器绝缘电阻试验的要求是什么？

答：（1）测量高压并联电容器极对壳绝缘电阻。

（2）测量集合式电容器极对壳绝缘电阻；有 6 支套管的三相集合式电容器，应同时测量其相间绝缘电阻。

（3）采用 2500V 兆欧表测量，绝缘电阻应大于 2000MΩ。

195. 正常情况下电容器组电容量与额定值的偏差应符合什么要求？

答：（1）3Mvar 及以下电容器组：−5％～10％。

（2）从 3Mvar 到 30Mvar 电容器组：0～10％。

（3）30Mvar 以上电容器组：0～5％。

（4）三相电容器组中任何两线路端子间测得的电容的最大值和最小值之比不应超过 1.02。

（5）当测量结果不满足上述要求时，应逐台测量。单台电容器电容量与额定值的偏差应在−5％～10％之间，且初值差不超过−5％～5％。

196. 高压并联电容器极间交流工频耐压试验的要求是什么？

答：（1）采用工频并联谐振法进行耐压试验，用以验证极间绝缘状况是否满足要求。

（2）试验电压为电容器额定电压的 2.15×0.75 倍，试验时间为 10s。试验过程中无闪络和熔丝熔断现象发生。试验前后电容值变化范围不超过−3％～5％。

197. 高压并联电容器局部放电试验用以判断什么？标准是什么？

答：（1）试验应采用脉冲电流法，判断设备是否存在异常局部放电。

（2）正常情况下，局部放电量（$1.5U_n$下）应不大于 50pC，局部放电熄灭电压应不小于 $1.2U_n$。

198. 放电线圈外观检查的要求是什么？

答：高压引线、接地线等连接正常，无异常声响或放电声，瓷套无裂纹，无影响设备运行的异物，无渗漏油等，外观应无异常。

199. 放电线圈绕组绝缘电阻测试的要求是什么？

答：（1）正常情况下，放电线圈一次绕组对二次绕组、铁芯和外壳的绝缘电阻应不小于 1000MΩ(20℃时)。二次绕组对铁芯和外壳的绝缘电阻应不小于 500MΩ(20℃时)。

（2）一次绕组用 2500V 兆欧表测量，二次绕组采用 1000V 兆欧表测量，测量时非被测绕组应接地，同等或相近测量条件下，绝缘电阻应无显著降低。试验方法参考 JB/T 8970。

200. 放电线圈绕组绝缘介质损耗因数 tanδ(20℃)（油浸式）的要求是什么？

答：不同电压等级，放电线圈绕组绝缘介质损耗因数要求不同。正常情况下，35kV 电压等级，放电线圈绕组绝缘介质损耗因数 tanδ（注意值）应小于 2%，tanδ（警示值）应小于 3.5%；66kV 电压等级，放电线圈绕组绝缘介质损耗因数 tanδ（注意值）应小于 1.5%，tanδ（警示值）应小于 2.5%。

201. 在测试条件下放电线圈的电压误差和相位差限值是什么?

答：在测试条件下放电线圈的电压误差和相位差不应超过表 3-14 中的限值。

表 3-14　　　　　　　放电线圈的电压误差和相位差

序号	准确级	电压误差/±%	相位差/±(′)
1	0.5	0.5	20
2	1.0	1.0	40

202. 放电线圈励磁特性测量的要求是什么?

答：（1）试验时测量 0.2 倍、0.5 倍、0.8 倍、1.0 倍、1.1 倍、1.3 倍、1.5 倍额定电压下的励磁电压和电流值。

（2）当有二次绕组时，试验电压可以施加于二次端子上。

（3）与出厂值相比应无显著改变，检查铁芯电磁性能是否满足要求。

（4）对于有一次绕组公共端子的放电线圈，各绕组应分别进行测试，励磁特性应基本一致。

（5）用于电容器装置中开口三角不平衡电压保护的三台放电线圈，励磁特性应基本一致，最大与最小的比值应不超过 1.25。

203. 放电线圈交流耐压试验的要求是什么?

答：（1）一次绕组耐受 80% 出厂试验电压，时间根据试验电源频率折算。

（2）二次绕组之间及其对地电压为 2kV。

（3）一次绕组采用感应耐压，二次绕组采用外施耐压。对于感应耐压试验，当频率在 100～400Hz 时，持续时间应按 $t=(120\times 额定频率)/试验频率$ 确定，但不少于 15s，进行感应耐压试验时应考虑容升现象。

204. 放电线圈局部放电测量的要求是什么？

答：在电压幅值为 $1.2U_m/\sqrt{3}$ 下测量，测量结果符合技术要求。在 $1.2U_m/\sqrt{3}$ 下：气体和液体浸渍绝缘的局部放电应不大于 20pC（注意值）；固体绝缘的局部放电应不大于 50pC（注意值）。

205. 放电线圈空载电流及损耗试验的要求是什么？

答：试验应在工频电压和额定电压下进行，可在一次侧加压，二次侧开路进行；也可以在二次侧加压，一次侧开路进行。用以检查磁路中是否存在局部缺陷和整体缺陷。

206. 避雷器外观检查的要求是什么？

答：（1）瓷套无裂纹，复合外套无电蚀痕迹，无异物附着，均压环无错位，高压引线、接地线连接正常。

（2）若计数器装有电流表，应记录当前电流值，并与同等运行条件下其他避雷器的电流值进行比较，要求无明显差异。

（3）记录计数器的指示数。

207. 避雷器运行中持续电流检测的标准及要求是什么？

答：（1）具备带电检测条件时，宜在每年雷雨季节前进行本项目。

（2）通过与同组间其他金属氧化物避雷器的测量结果相比较做出判断，彼此应无显著差异。正常情况下，阻性电流初值差不超过 50%，且全电流不超过 20%。

（3）当阻性电流增加 0.5 倍时，应缩短试验周期，并加强监测；增加 1 倍时，应停电检查。

208. 除例行试验之外，什么情况下金属氧化物避雷器应进行直流 1mA 电压（U_{1mA}）及在 $0.75U_{1mA}$ 下泄漏电流测量？

答：除例行试验之外，有下列情形之一的金属氧化物避雷器，应进行直流 1mA 电压（U_{1mA}）及在 $0.75U_{1mA}$ 下泄漏电流测量：

（1）红外热像检测时，温度同比异常。

（2）运行电压下持续电流偏大。

（3）有电阻片老化或者内部受潮的家族性缺陷，隐患尚未消除。

209. 避雷器直流 1mA 电压（U_{1mA}）及在 $0.75U_{1mA}$ 下泄漏电流测量的要求是什么？

答：（1）对于单相多节串联结构，应逐节进行。

（2）U_{1mA} 偏低或 $0.75U_{1mA}$ 下漏电流偏大时，应先排除电晕和外绝缘表面漏电流的影响。

（3）正常情况下，U_{1mA} 下泄漏电流初值差不超过 $-5\%\sim 5\%$，且应该大于 GB 11032 规定值（注意值）；$0.75U_{1mA}$ 下泄漏电流初值差应不大于 30%，或不大于 $50\mu A$（注意值）。

210. 避雷器放电计数器功能检查的要求是什么？

答：如果已有 3 年以上未检查，有停电机会时进行本项目。检查完毕应记录当前基数。若装有电流表，应同时校验电流表，校验结果应符合设备技术文件要求。

211. 避雷器工频参考电流下的工频参考电压的要求是什么？

答：（1）诊断内部电阻片是否存在老化、检查均压电容等是否存在缺陷。

（2）对于单相多节串联结构，应逐节进行。

（3）正常情况下，工频参考电压应符合 GB 11032 或制造商规定。

212. 避雷器均压电容的电容量要求是什么？

答：（1）如果金属氧化物避雷器装备有均压电容，为诊断其缺陷，可进行本项目。

（2）对于单相多节串联结构，应逐节进行。

（3）正常情况下，电容量初值差应不超过－5%～5%或满足制造商的技术要求。

213. 避雷器高频局部放电检测的要求是什么？

答：（1）检测可从避雷器末端抽取信号。

（2）当怀疑有局部放电时，应结合其他检测方法的检测结果进行综合分析。通过与同组间其他避雷器的测量结果相比较作出判断，应无明显差异。

（3）本项目宜在每年雷雨季节前进行。

214. 电力电缆巡检的要求是什么？

答：（1）检查电缆终端外绝缘是否有破损和异物，是否有明显的放电痕迹；是否有异味和异常声响。

（2）引入室内的电缆入口应该封堵完好，电缆支架牢固，接地良好。

（3）电缆终端及可见部分外观无异常。

（4）充油电缆油压正常，油压表完好。

（5）橡塑绝缘电力电缆带电测试外护层接地电流，测量结果应符合设计要求，且与前次测量结果相比无明显改变。

215. 橡塑绝缘电缆运行检查内容是什么？

答：（1）通过人孔或者类似人口，检查电缆是否存在过度弯曲、过度拉伸、外部损伤、敷设路径塌陷、雨水浸泡、接地连接不良、终端（含中间接头）电气连接松动、金属附件腐蚀等危及电缆安全运行的现象。

（2）特别注意电缆各支撑点绝缘是否出现磨损。

（3）直埋式电缆可不进行。

216. 电力电缆高频局部放电检测的应用要求是什么？

答：高频局部放电检测是检测电力电缆绝缘状态的有效手段，缆头和缆身均可覆盖。现场噪声信号幅值较高时，常规测试方法很难进行噪声与局部放电信号分析，易造成误判。建议采用频率分离、三相幅值关系等技术手段将局放源与干扰信号分离后，再判断放电能量与放电类型。

217. 线路运行管理包括哪些内容？

答：线路运行管理包括线路巡视和线路检测（含在线监测）两项内容，其目的是为开展后续的检修工作提供依据。运维单位应坚持"安全第一，预防为主，综合治理"的方针，依据架空送电线路运行规程、电力安全工作规程、架空线路管理规范及有关条例，全面做好线路运行管理工作。

（1）应定期对运行线路的杆塔、绝缘子、导地线、金具、拉线、接地装置，以及通信光缆、电缆设备进行检查，掌握规律，提高设备的健康水平。

（2）对通道内危险点的预控情况、绝缘子零值、附盐密值、在线泄漏电流、连接器温度、复合绝缘子机械电气特性、风口、雷击区线夹进行检测，积累数据，开展运行分析，制订措施，不断提高运行管理水平。

（3）应根据设备现状，提出设备升级方案和下一年度大修、

技改项目。

（4）应对不同电压等级的线路分别编制现场巡视作业指导书，指导书应符合现场实际，线路及周边环境如有变化，应及时修改。

218. 什么是线路巡视？

答：线路巡视是为掌握线路的运行状况，及时发现线路本体、附属设施以及线路防护区出现的缺陷或隐患，并为线路检修、维护及状态评价（评估）等提供依据，近距离对线路进行观测、检查和记录的工作。线路巡视以地面巡视为基本手段，并以带电登杆（塔）检查、空中巡视等作为辅助手段。根据不同的需要（或目的），线路巡视可分为正常巡视、故障巡视、特殊巡视。

219. 什么是线路的正常巡视？

答：线路的正常巡视是指线路巡视人员按一定的周期对线路所进行的巡视，包括对线路设备（指线路本体和附属设备）和线路保护区（线路通道）所进行的巡视。

220. 如何开展正常巡视？

答：正常巡视包括线路设备（本体、附属设施）检查及通道环境检查，可以按全线或区域进行。巡视周期相对固定，并可进行动态调整。对线路设备与通道环境的巡视，可按不同的周期分别进行。

221. 什么是线路的故障巡视？

答：线路的故障巡视是指线路运维单位为查明线路故障点、故障原因及故障情况等所组织的线路巡视。

222. 如何开展故障巡视？

答：故障巡视应在线路发生故障后及时进行，巡视范围为发生故障的区段或全线。线路发生故障时，不论开关重合是否成功，均应及时组织故障巡视。巡视中巡视人员应将所分担的巡视区段全部巡完，不得中断或漏巡。发现故障点后应及时报告，遇有重大事故设法保护现场。对引发事故的证物应妥为保管，并设法取回，并对事故现场应进行记录、拍摄，以便为事故分析提供证据或参考。

223. 什么是线路的特殊巡视？

答：线路的特殊巡视是指在特殊情况下或根据特殊需要，采取特殊巡视方法所进行的线路巡视。特殊巡视包括夜间巡视、交叉巡视、登杆塔检查、防外力破坏巡视以及直升机（或利用其他飞行器）空中巡视等。

224. 如何开展特殊巡视？

答：特殊巡视应在气候剧烈变化、自然灾害、外力影响、异常运行和对电网安全稳定运行有特殊要求时进行。特殊巡视根据需要及时进行，巡视的范围视情况可为全线、特定区域或个别组件。

225. 线路的状态巡视是如何定义的？

答：线路的状态巡视特指按线路实际状况及运行经验以及存在的危险点及隐患变化情况，动态确定相应的巡检周期并按之进行的线路巡检。状态巡检的周期主要应根据线路实际状况、运行经验以及危险点、特殊区域（区段）的危险隐患等实际情况分段确定。状态巡检可结合检测、大修、技改以及故障巡检、特殊巡视、夜间巡视、交叉巡视和诊断性巡视、监察性

巡视等工作进行。状态巡视，不论巡视周期长短，运维单位均
应采取措施，确保巡视的到位率和巡视质量，使状态巡视工作
有效进行。

226. 线路完好率参考指标是什么？

答：为确保输电线路安全、可靠运行，各运维单位可根据
本单位的具体情况自行制订线路的完好率和年可用率指标。参考
指标如下：220kV 及以上架空输电线路的完好率应达到 100%；
35～110kV 架空输电线路的完好率应不小于 95%；66kV 及以上
输电线路的年可用率不小于 99.6%（管辖区输电线路，平均每
条累计停电小时数不应超过 35h，但不包括外力破坏等线路以外
原因造成的非责任事故的停电时间）。

227. 线路检测的目的是什么？

答：线路检测是为了发现日常巡视检查中不易发现的隐患，
以便及时加以消除，为检修工作提供依据。

228. 线路检测是否必须进行通信光缆检测？具体要求是什么？

答：线路检测必须进行通信光缆检测。
线路检测应将通信光缆（包括 OPGW 及 ADSS）列入年度
预试计划，除在线路正常运行中进行巡视检查外，应在每两年对
光缆的附属金具进行一次登杆检查。必要时进行金具打开检查，
做好检查记录。

229. 什么是线路状态检修在线监测？

答：线路状态检修在线监测是指采用弱信号传感技术、视
频压缩技术、无线通信技术、网络测量技术等，通过现场数据测

量和采集装置实时监测线路和杆塔信息，采用无线与有线相结合的方式将数据传至数据监控中心，并通过线路状态监测分析系统对数据进行归类和分析，同时向运维单位提供实时信息，给出预警信号和相应的指令，指导线路运行。

230. 线路在线监测包含哪些内容？

答：线路在线监测包括绝缘子污秽在线监测、导线和绝缘子覆冰在线监测、气象参数（温度、湿度、风力）监测、导线舞动在线监测、线路图像在线监测、线路途经采空区实时在线监测、导线及接续金具温度在线监测、防盗监测系统、雷电定位系统等。

231. 状态检修离线监测包括哪些内容？

答：在常规线路巡视中，利用 GPS 智能巡检系统、红外测温技术、紫外测试技术、航巡监测等技术手段和常规仪器仪表，可对线路运行状态进行离线检测（监测），为线路的维护检修提供决策依据。具体项目包括绝缘子等值附盐密度检测、瓷质（玻璃）绝缘子劣化率检测、接续金具运行温度监测、复合绝缘子憎水性和电位分布监测等。

232. 输电线路导线与架空地线及 OPGW 巡检要求是什么？

答：（1）导线和地线无腐蚀、抛股、断股、损伤和闪络烧伤。

（2）导线和地线无异常振动、舞动、覆冰，分裂导线无鞭击和扭绞。

（3）压接管耐张引流板无过热，压接管无严重变形、裂纹和受拔位移。

（4）导线和地线在线夹内无滑移。

（5）导线和地线各种电气距离无异常。

（6）导线上无异物悬挂。

（7）OPGW引下线金具、线盘及接线盒无松动、变形、损坏、丢失。

（8）OPGW接地引流线无松动、损坏。

233. 输电线路金具巡检要求是什么？

答：均压环、屏蔽环、联板、间隔棒、阻尼装置、重锤等设备无缺件、松动、错位、烧坏、锈蚀、损坏等现象。

234. 输电线路绝缘子串巡检要求是什么？

答：（1）绝缘子串无异物附着。

（2）绝缘子钢帽、钢脚无腐蚀，锁紧销无锈蚀、脱位或脱落。

（3）绝缘子串无移位或非正常偏斜。

（4）绝缘子无破损。

（5）绝缘子串无严重局部放电现象、无明显闪络或电蚀痕迹。

（6）室温硫化硅橡胶涂层无龟裂、粉化、脱落。

（7）复合绝缘子无撕裂、鸟啄、变形，端部金具无裂纹和滑移，护套完整。

（8）绝缘子无严重污秽。

（9）绝缘子串顺线路方向倾斜角不应大于7.5°或300mm。

235. 输电线路杆塔与接地、拉线与基础巡检要求是什么？

答：（1）杆塔结构无倾斜，横担无弯扭。

（2）杆塔部件无松动、锈蚀、损坏和缺件。

（3）拉线及金具无松弛、断股和缺件，张力分配应均匀。

（4）杆塔和拉线基础无下沉及上拔，基础无裂纹损伤，防洪设施无坍塌和损坏，接地良好。

（5）塔上无危及安全运行的鸟巢和异物。

（6）混凝土杆无裂纹、破损。

（7）塔材、螺栓无丢失、严重锈蚀。

236. 输电线路通道和防护区巡检要求是什么？

答：（1）无可燃易爆物和腐蚀性气体。

（2）树木与输电线路间绝缘距离应符合有关规程的要求。

（3）无土方挖掘、地下采矿、施工爆破等危及线路安全的施工作业等。

（4）无架设或敷设影响输电线路安全运行的电力线路、通信线路、架空索道、各种管道等。

（5）未修建鱼塘、采石场及射击场等。

（6）无高大机械及可移动式的设备。

（7）无其他不正常情况，如山洪暴发、森林起火等。

（8）无违章建（构）筑物等。

（9）防洪、排水、基础保护设施无坍塌、淤堵、破损等。

（10）无新的污染源或污染加重情况等。

237. 输电线路附属设施巡检要求是什么？

答：（1）各种在线监测装置无移位、损坏或丢失。

（2）线路杆号牌及路标、警示标志、防护桩等无损坏或丢失。

（3）固定式防鸟设施无破损、变形、螺栓松脱，活动式防鸟设施无动作失灵、褪色、破损，电子、光波、声响式防鸟设施无供电装置失效或功能失效、损坏等。

（4）ADSS 光缆无损坏、断裂、弛度变化等。

（5）线路的其他辅助设施无损坏或丢失。

238. 输电线路避雷器巡检要求是什么？

答：（1）线路避雷器本体及间隙无异物附着。

（2）法兰、均压环、连接金具无腐蚀，锁紧销无锈蚀，脱位或脱落。

（3）线路避雷器本体及间隙无移位或非正常偏斜。

（4）线路避雷器本体及支撑绝缘子的外绝缘无破损和明显电蚀痕迹。

（5）线路避雷器本体及支撑绝缘子无弯曲变形。

（6）避雷器接地引下线连接正常，无松脱、位移、断裂及严重腐蚀等情况。

239. 电缆线路终端避雷器巡检要求是什么？

答：无避雷器动作异常、计数器失效、破损、变形、引线松脱、放电间隙变化、烧伤等异常现象。

240. 输电线路盘形瓷绝缘子零值检测要求是什么？

答：（1）宜用5000V兆欧表，绝缘电阻应不低于500MΩ。

（2）采用轮试的方法，即每年检测一部分，一个周期内完成全部普测。如果某批次的盘形瓷绝缘子零值检出率明显高于运行经验值，则对于该批次绝缘子应酌情缩短零值检测周期。

（3）自上次检测以来又发生了新的闪络或有新的闪络痕迹的，也应列入最近的检测计划。

（4）绝缘电阻应不低于500MΩ。当低于500MΩ时，在绝缘子表面加屏蔽环并接兆欧表屏蔽端子或清洁绝缘子表面后重新测量。若仍小于500MΩ时，可判定为零值绝缘子。

（5）110kV及以上采用火花间隙检测方法，应按带电作业要求进行。

241. 输电线路导线接点温度测量要求是什么？

答：（1）接点温度可略高于导线温度，但温差不应超过

10K，且不高于导线允许运行温度。

（2）在分析时，要综合考虑当时及前 1h 的负荷变化以及大气环境条件。

242. 输电线路杆塔接地阻抗检测要求是什么？

答：除 2km 进线保护段和大跨越外，一般采用每隔 3 基（500kV 及以上）或每隔 7 基（其他电压等级）检测 1 基的轮试方式。对于地形复杂、难以到达的区段，轮试方式可酌情自行掌握。如果某基杆塔的测量值超过设计值时，补测与此相邻的 2 基杆塔。如果连续 2 次检测的结果低于设计值（或要求值）的 50％，则轮式周期可延长 50％～100％。检测宜在雷暴季节之前进行。

243. 什么情况下输电线路需要进行现场污秽度评估？

答：每 3 年或出现下列情形之一时应在雨季来临之前进行一次现场污秽度评估：

（1）附近 10km 范围内发生了污闪事故。

（2）附近 10km 范围内增加了新的污染源（同时也需要关注远方大、中城市的工业污染）。

（3）降雨量显著减少的年份。

（4）出现大气污染与恶劣天气相互作用所带来的湿沉降（城市和工业区及周边地区尤其要注意）。

如果现场污秽度等级接近变电站内设备外绝缘及绝缘子（串）的最大许可现场污秽度，应采取增加爬电距离或采用复合绝缘等技术措施。

244. 如何对复合绝缘子和室温硫化硅橡胶涂层进行状态评估？

答：重点是对复合绝缘子的机械破坏负荷、界面，以及复合绝缘子和室温硫化硅橡胶涂层的憎水性进行评估。评估过程如下：

（1）按家族（制造商、型号和投运年数），从输电线路上随机抽取 6～9 只，依次进行下列三项试验，试验结果应符合要求。此外，用户还应根据多次评估试验结果的稳定性，调整评估周期。

1）憎水性、憎水性迁移特性、憎水性丧失特性和憎水性恢复时间测定。检测方法和判据可参照 DL/T 864。

2）界面试验。包括水煮试验和陡波前冲击电压试验两项。试验程序和判据可参照 GB/T 19519。

3）机械破坏负荷试验。要求：$M_{av}-2.05S_n>0.5S_{ML}$，且 $M_{av}\geqslant0.65S_{ML}$。其中，$S_{ML}$ 为额定机械负荷，M_{av} 为破坏负荷的平均值，S_n 为破坏负荷的标准偏差。试验方法可参考 GB/T 19519。

（2）按涂敷材料、涂敷时间和涂敷地点，抽样检查涂层的附着性能，要求无龟裂、粉化、脱落和剥离等现象。抽样检查憎水性，检测方法和判据可参见 DL/T 864，不符合要求时应进行复涂。

245. 输电线路杆塔接地装置检测要求是什么？

答：（1）线路杆塔接地装置投运后应按周期进行开挖抽检。

（2）接地导体截面不小于设计值的 80%。

（3）当杆塔接地阻抗显著增加或者显著超过规定值、怀疑严重腐蚀时，进行本项目。开挖检查并修复之后，应进行杆塔接地阻抗测量。

246. 输电线路拉线装置检测要求是什么？

答：（1）线路日常巡视检测过程中应将杆塔拉线装置视为重点设备巡视内容进行检查和检测。

（2）对易盗区、外力破坏频发区、洪水冲刷区、不良地质区、风舞动区等特殊区段的杆塔拉线装置应加大巡视检测力度，有针对性地制订检测计划。

（3）拉线装置检测主要包括拉线装置检测、拉线棒检测、拉线基础（拉线盘）检测。

247. 输电线路地线机械强度试验的要求分别是什么？

答：（1）在检测地线的机械强度是否满足要求或存在此类家族性倾向时进行此项目。

（2）取样进行机械拉力试验，要求不低于额定机械强度的 80%。

248. 输电线路导地线弧垂、交叉跨越测量应包含哪些内容？

答：主要包括对地面的垂直距离，对各种建筑的垂直距离和水平距离，对公路和铁路的垂直距离，对其他电力线路、弱电线路、通信线路的交叉跨越距离，导线及引流线对杆塔塔身距离的检测。

249. 输电线路杆塔倾斜、挠度检测的要求是什么？

答：（1）当巡检发现问题时，组织精确测量。

（2）对采空区、沉降区、冲刷区、山体易滑坡等特殊区域杆塔，应结合运行巡视情况，组织不定期专项检测。

（3）主要包括混凝土双杆本体倾斜检测（顺线路、横线路）、铁塔横担水平状况检测、横担扭转检测和塔体结构倾斜检测等。

（4）可用经纬仪或全站仪进行检测。

（5）检测标准依据 GB 50233 规定，可使用经纬仪或全站仪进行检测。检测情况应出具检测报告。

输变电设备状态检修技术问答

250. 输电线路重要交跨接续金具 X 射线检测要求是什么？

答：检验导（地）线与金具压接的紧密情况是否满足要求。已投运线路，特别是"三跨"线路，巡检发现红色标志有滑动现象或必要时，进行检测。此项工作由运行维护单位提出检测计划，电力科研单位相关专业负责检测工作，并出具检测报告。

251. 输电线路基础沉降、位移检测要求是什么？

答：（1）杆体基础沉降、位移检测可采用经纬仪观测。

（2）当对采空区、塌陷区、冲刷区及膨胀土等区域杆塔基础巡视发现问题时，组织基础沉降和位移检测。

252. 绝缘油视觉检查要求是什么？

答：凭视觉检测油的颜色，粗略判断油的状态。正常情况下，绝缘油油应是透明，无杂质和悬浮物，初步评估见表 3-15。

表 3-15　　　　　　　油质视觉检查及油质初步评估

视觉检测	淡黄色	黄色	深黄色	棕褐色
油质评估	好油	较好油	轻度老化的油	老化的油

253. 绝缘油击穿电压要求是什么？

答：（1）击穿电压值达不到规定要求时，应进行处理或更换新油。

（2）正常情况下，绝缘油击穿电压在不同电压等级时，对应的警示值也不同：500kV 及以上电压等级，应不小于 50kV；330kV 电压等级，应不小于 45kV；220kV 电压等级，应不小于

40kV；110kV 或 66kV 电压等级，应不小于 35kV。

254. 绝缘油水分检测要求是什么？

答：（1）测量时应注意油温，并尽量在顶层油温高于 60℃ 时取样。

（2）怀疑受潮时，应随时测量油中水分。

（3）正常情况下，绝缘油水分在不同电压等级时，对应的注意值也不同：330kV 及以上电压等级，应不大于 15mg/L；220kV 及以下电压等级，应不大于 25mg/L。

255. 绝缘油介质损耗因数 tanδ（90℃）正常情况下的要求是多少？

答：正常情况下，绝缘油介质损耗因数 tanδ（90℃）在不同电压等级时，对应的注意值也不同：500kV 及以上电压等级，应不大于 0.02；330kV 及以下电压等级，应不大于 0.04。

256. 正常情况下绝缘油油中含气量（v/v）的要求是什么？

答：正常情况下，绝缘油油中含气量（v/v）对不同设备要求不同，330kV 及以上电压等级的变压器和电抗器，都应不大于 3%。

257. 当怀疑绝缘油油质有问题时应进行哪些诊断试验？

答：应进行酸值检测、界面张力（25℃）检测、抗氧化剂含量检测、体积电阻率（90℃）检测、油泥与沉淀物（m/m）检测、颗粒数（个/10mL）检测、油的相容性试验、铜金属含量检测、糠醛含量检测。

258. 如何根据酸值对绝缘油进行油质评估?

答:酸值检测用来判断绝缘油的老化程度。正常情况下,绝缘油酸值应不大于注意值 0.1mg(KOH)/g,酸值及油质评价见表 3 - 16。当酸值大于注意值时,应进行再生处理或更换新油。

表 3 - 16 　　　　　　　　酸值及油质评估

序号	酸值/[mg(KOH)/g]	油质评估
1	0.03	新油
2	0.1	可继续运行
3	0.2	下次维修时需进行再生处理
4	0.5	油质较差

259. 绝缘油进行界面张力 (25℃) 检测的要求是什么?

答:正常情况下,绝缘油界面张力应大于 19mN/m;对于新投运的设备要求界面张力应大于 35mN/m。当测量值低于注意值时宜换新油,也说明油中含有不明微量杂质。

260. 绝缘油进行抗氧化剂含量检测的要求是什么?

答:(1) 对于添加了抗氧化剂的油,当油变色或酸值偏高时应测量抗氧化剂含量。

(2) 抗氧化剂含量减少,应按规定添加新的抗氧化剂;采取上述措施前,应咨询制造商的意见。

(3) 绝缘油进行抗氧化剂含量用以判断绝缘油抗氧化和抗老化性能是否满足要求。正常情况下,应不小于 0.1% (注意值)。

261. 绝缘油进行体积电阻率 (90℃) 检测要求是什么?

答:(1) 绝缘油体积电阻率用以判断绝缘油劣化程度。

（2）正常运行情况下，不同电压等级体积电阻率的要求不同：500kV 及以上电压等级的绝缘油体积电阻率应不小于 $1\times10^{10}\,\Omega\cdot m$（注意值），330kV 及以下电压等级的绝缘油体积电阻率应不小于 $5\times10^{10}\,\Omega\cdot m$（注意值）；对于新投运设备，所有电压等级的体积电阻率要求应不小于 $6\times10^{10}\,\Omega\cdot m$（注意值）。

262. 绝缘油进行油泥与沉淀物（m/m）检测要求是什么？

答：（1）当界面张力小于 25mN/m 时，需要进行绝缘油进行油泥与沉淀物（m/m）检测，用以判断油泥与沉淀物是否满足要求。

（2）正常运行情况下，绝缘油进行油泥与沉淀物（m/m）应不大于 0.02%（注意值）。

263. 绝缘油进行颗粒数（个/10mL）检测要求是什么？

答：（1）本项试验可以用来表征油的纯净度。

（2）对于变压器，过量的金属颗粒是潜油泵磨损的一个信号，必要时应进行金属成分及含量分析。

（3）正常情况下，每 10mL 油中大于 $3\sim150\mu m$ 的颗粒数一般不大于 1500 个，大于 1500 个应予注意，大于 5000 个说明油受到了污染。

264. 绝缘油糠醛含量大于多少时需要进行跟踪检测？

答：正常情况下，绝缘油糠醛含量应小于注意值，当超过注意值时，需跟踪检测并注意增长率。根据不同运行年限，糠醛含量注意值也不相同。运行年限与糠醛含量注意值对应情况见表 3－17。

表 3-17 运行年限与糠醛含量注意值对应

序号	运行年限/a	糠醛含量/(mg/L)（注意值）
1	1～5	0.1
2	5～10	0.2
3	10～15	0.4
4	15～20	0.75

265. SF_6 气体湿度检测要求是什么？

答：（1）湿度检测其实就是 H_2O 的检测，要求温度为 20℃，压力为 0.1013MPa，当气体压力明显下降或超过注意值（表 3-18）时，应定期跟踪测量气体湿度。

表 3-18 湿度注意值

序号	试验项目	要 求			
1	湿度（H_2O）（20℃，0.1013MPa）	主设备类型	检测对象	新充气后/(μL/L)	运行中/(μL/L)
2		GIS 开关设备	有电弧分解物隔室	≤150	≤300（注意值）
3		GIS 开关设备、电流互感器、电磁式电压互感器	无电弧分解物隔室	≤250	≤500（注意值）
4		SF_6 气体绝缘变压器	箱体及开关	≤125	≤220（注意值）
5		SF_6 气体绝缘变压器	电缆箱及其他	≤220	≤375（注意值）

（2）SF_6 气体可从密度监视器处取样，取样方法参见 DL/T 1032，测量方法可参考 DL/T 506、DL/T914 和 DL/T915。测量完成之后，按要求恢复密度监视器，注意按力矩要求紧固。

（3）SF_6 气体绝缘电力变压器用 SF_6 气体质量标准参考 DL/T 941。

266. SF₆气体成分分析的要求是什么?

答：(1) 怀疑 SF₆ 气体质量存在问题，或者配合事故分析时，可选择性地进行 SF₆气体成分分析。

(2) 正常情况下，气体分析要求如下：CF₄ 增量应不超过 0.1% (新投运 0.05%) (注意值)；空气 (O₂＋N₂) 应不超过 0.2% (新投运 0.05%) (注意值)；可水解氟化物应不超过 1.0μg/g(注意值)；矿物油应不超过 10μg/g(注意值)；毒性 (生物试验) 应为无毒；密度 (20℃，0.1013MPa) 为 6.17g/L；SF₆气体纯度 (质量分数) 应不小于 99.8%；酸度应不超过 0.3μg/g (注意值)；杂质组分 (CO、CO₂、HF、SO₂、SF₄、SOF₂、SO₂F₂、CF₄、H₂S) 应监督增长情况，一般 SO₂不超过 1μL/L(注意值)，H₂S 不超过 1μL/L (注意值)。

(3) 对于运行汇总的 SF₆ 设备，当检出 SO₂、SOF₂等杂质组分并持续增加时，通常说明相关气室存在着活动的局部放电故障。

267. 油浸式电力变压器、电抗器和消弧线圈巡检项目包括哪些?

答：油浸式电力变压器、电抗器和消弧线圈巡检项目包括外观检查、油温和绕组温度检查、呼吸器干燥剂 (硅胶) 检查、冷却系统检查、声响及振动检查、有载分接开关检查 (变压器)。

268. 变压器呼吸器干燥剂 (硅胶) 巡检要求有哪些?

答：(1) 呼吸器 1/3 以上处于干燥状态就属于呼吸正常。

(2) 当 2/3 干燥剂受潮时应予更换；若干燥剂受潮速度异常，应检查密封，并取油样分析油中水分 (仅对开放式)。

(3) 冬春交替时应重点检查油封是否存在冰冻阻塞现象，防止冻冰消融造成主变重瓦斯误动。

269. 变压器冷却系统巡检要求有哪些?

答:(1)冷却系统的风扇运行正常,出风口和散热器无异物附着或严重积污。

(2)潜油泵无异常声响、振动,油流指示器指示正确。

(3)对于翅片式散热器,带电水冲洗要有足够的水压,以保证清洗效果。

270. 变压器有载分接开关每年巡检一次的内容有哪些?

答:(1)储油柜、呼吸器和油位指示器,应按其技术文件要求检查。

(2)在线滤油器,应按其技术文件要求检查滤芯。

(3)打开电动机构箱,检查是否有任何松动、生锈,检查加热器是否正常。

(4)记录动作次数。

(5)如有可能,通过操作1步再返回的方法,检查电机和计数器的功能。

271. 油浸式电力变压器例行试验项目包括哪些?

答:油浸式电力变压器例行试验项目包括红外热像检测、红外热像检测(精确测温)、油中溶解气体分析、绕组电阻测量、绝缘油例行试验、套管试验、铁芯及夹件绝缘电阻测量、绕组绝缘电阻测量、绕组连同套管的介质损耗因数(20℃)与电容量测量、有载分接开关检查、测温装置检查、气体继电器检查、冷却装置检查、压力释放装置检查、铁芯及夹件接地电流测量。

272. 正常情况下油浸式电力变压器绕组电阻分析的阈值是多少?

答:(1)对于1.6MVA以上的变压器,相间互差不大于

2%（警示值），对于无中性点引出的绕组，线间各绕组互差不大于 1%（警示值）。

（2）对于 1.6MVA 及以下的变压器，相间互差不大于 4%（警示值），对于无中性点引出的绕组，线间各绕组互差不大于 2%（警示值）。

（3）同一温度下，同相初值差（注意值）不超过－2%～2%，同相初值差（警示值）不超过－6%～6%。

（4）由于变压器结构等原因，差值超过（2）时，可只按（3）进行比较，但应说明原因。

273. 例行试验中油浸式电力变压器绕组电阻试验的要求是什么？

答：（1）有中性点引出线时，应测量各相绕组的电阻；若无中性点引出线，可测量各线端的电阻，然后换算到相绕组。测量时，绕组电阻测量电流不宜超过 20A，铁芯的磁化极性应保持一致。

（2）考虑到现场试验设备油面温度计精度、试验过程中油温变化等因素影响，各相电阻初值差不超过－6%～6%（警示值）。不同温度下电阻值按下式换算：

$$R_2 = R_1 \frac{T + t_2}{T + t_1}$$

式中　R_1、R_2——温度为 t_1（℃）、t_2（℃）时的电阻，Ω；

T——常数，铜绕组为 235，铝绕组为 225。

（3）对于有载调压电力变压器，应进行不小于一半分接位置的直流电阻测试。

（4）无励磁调压变压器改变分接位置后、有载调压变压器分接开关检修后及更换套管后进行测试。

274. 例行试验中油浸式电力变压器铁芯及夹件绝缘电阻试验的要求是什么？

答：（1）绝缘电阻测量采用 2500V（老旧变压器 1000V）兆欧

表。除注意绝缘电阻的大小外，要特别注意绝缘电阻的变化趋势。

（2）夹件引出接地的，应分别测量铁芯对夹件及夹件对地绝缘电阻。

（3）除例行试验之外，当油中溶解气体分析异常，在诊断时也应进行本项目。正常情况下，绝缘电阻应不小于 100MΩ；新投运设备的绝缘电阻应不小于 1000MΩ。

275. 正常情况下油浸式电力变压器绕组绝缘电阻例行试验的阈值是多少？

答：（1）绝缘电阻值不应低于产品上次试验值的 70% 或不低于 10000MΩ（20℃）。

（2）变压器电压等级为 35kV 及以上且容量在 4000kVA 及以上时，应测量吸收比，吸收比与产品上次试验值相比应无明显差别，在常温下吸收比应不小于 1.3，或极化指数应不小于 1.5，或绝缘电阻不小于 10000MΩ。当 R_{60} 大于 3000 MΩ（20℃）时，吸收比可不作考核要求。

（3）变压器电压等级为 220kV 及以上或容量为 120MVA 及以上时，宜用 5000V 兆欧表测量极化指数。测得值与产品上次试验值相比应无明显差别，在常温下不应小于 1.5。当 R_{60} 大于 10000MΩ（20℃）时，极化指数可不作考核要求。

276. 油浸式电力变压器绕组绝缘电阻例行试验的要求是什么？

答：（1）测量时，铁芯、外壳及非测量绕组应接地，测量绕组应短路，套管表面应清洁、干燥。

（2）采用 5000V 兆欧表测量。测量宜在顶层油温低于 50℃时进行，并记录顶层油温。绝缘电阻受温度的影响可按下式进行近似修正：

$$R_2 = R_1 \times 1.5^{(t_1 - t_2)/10}$$

式中 R_1、R_2——温度为 t_1（℃）、t_2（℃）时的绝缘电阻，Ω。

绝缘电阻下降显著时，应结合 tanδ 及油质试验进行综合判断。

（3）除例行试验之外，当绝缘油例行试验中水分偏高，或者怀疑箱体密封被破坏，也应进行本项试验。

（4）电缆出线变压器的电缆出线侧绕组绝缘电阻可在中性点套管处测量。

277. 油浸式电力变压器绕组绝缘介质损耗因数 tanδ（20℃）与电容量例行试验的阈值要求是什么？

答：（1）油浸式电力变压器绕组绝缘介质损耗因数 tanδ 根据电压等级不同，要求也不相同。330kV 及以上电压等级应不超过 0.006（注意值），110～220kV 电压等级应不超过 0.008（注意值），35kV 及以下电压等级应不超过 0.015（注意值）。

（2）tanδ 与历年的数值比较不应有明显变化（一般不大于 30%）。

（3）绕组电容量与初值比变化不超过 $-2\%\sim2\%$（注意值）、$-3\%\sim3\%$（警示值）。

278. 油浸式电力变压器绕组连同套管的介质损耗因数 tanδ（20℃）与电容量例行试验要求是什么？

答：（1）变压器电压等级为 35kV 及以上且容量在 10000kVA 及以上时测量 tanδ。

（2）测量宜在顶层油温低于 50℃ 且高于零度时进行，测量时记录顶层油温和空气相对湿度，非测量绕组及外壳接地，必要时分别测量被测绕组对地、被测绕组对其他绕组的 tanδ。

（3）测量 tanδ 时，应同时测量电容值，若此电容值发生明显变化，应结合低电压短路阻抗、绕组频率响应曲线等试验数据综合判断绕组状况。分析时应注意温度对介质损耗因数的影响。

（4）封闭式电缆出线的变压器只测量非电缆出线侧绕组的 $\tan\delta$。

279. 油浸式电力变压器有载分接开关三年一次的例行检查内容是什么？

答：（1）在手摇操作正常的情况下，就地电动和远方各进行一个循环的操作，无异常。

（2）检查紧急停止功能以及限位装置。

（3）在绕组电阻测试之前检查动作特性，测量切换时间；有条件时，测量过渡电阻，电阻值的初值差不超过 $\pm10\%$。

（4）油质试验要求油耐受电压不小于 30kV；如果装有在线滤油器，要求油耐受电压不小于 40kV。不满足要求时，需要对油进行过滤处理，或者换新油。

检查内容可能会因制造商或型号的不同有所差异，必要时参考设备技术文件要求。

280. 油浸式电力变压器测温装置例行检查的要求是什么？

答：（1）每 3 年检查一次，要求外观良好，运行中温度数据合理，相互比对无异常。

（2）每 6 年校验一次，可与标准温度计比对，或按制造商推荐方法进行，结果应符合设备技术文件要求。

（3）同时采用 1000V 兆欧表测量二次回路的绝缘电阻，一般不低于 1MΩ。

281. 油浸式电力变压器气体继电器例行检查的要求是什么？

答：（1）每 3 年检查一次气体继电器整定值，应符合运行规程和设备技术文件要求，动作正确。

（2）每 6 年测量一次气体继电器二次回路的绝缘电阻，应不低于 1MΩ。

（3）绝缘电阻采用 1000V 兆欧表测量。解体检修时，需对气体继电器进行校验。

282. 油浸式电力变压器冷却装置例行检查的要求是什么？

答：（1）运行中，流向、温升和声响正常，无渗漏。

（2）强油水冷装置的检查和试验，按设备技术文件要求进行。

283. 油浸式电力变压器压力释放装置例行检查的要求是什么？

答：按设备技术文件要求进行检查，应符合要求；一般要求开启压力与出厂值的标准偏差在 ±10% 之内或符合设备技术文件要求。

284. 油浸式电力变压器铁芯夹件接地电流例行试验的要求是什么？

答（1）油浸式电力变压器铁芯夹件接地电流试验应不大于 100mA（注意值）。

（2）当铁芯、夹件接地电流无异常时，可不进行铁芯、夹件绝缘电阻测试。

285. 油浸式电力变压器铁芯对地电流和夹件对地电流如何进行换算？

答：当测量出的夹件对地电流 I_1 和铁芯对地电流 I_2 后，可参照以下原则进行初步判断：

（1）当 $I_1 = I_2$ 时，数值在数安培以上则可能上铁轭有多点接地或铁芯与夹件绝缘不良。

（2）当 $I_2 > I_1$ 时，I_2 数值在数安培以上则可能下铁轭有多点接地。

（3）当 $I_1 > I_2$ 时，则可能夹件与外壳相碰。

286. 油浸式电力变压器空载电流和空载损耗测量试验的要求是什么？

答：（1）空载电流和空载损耗测量用以判断铁芯是否存在缺陷、匝间绝缘是否损坏。

（2）试验电压尽可能接近额定值。试验电压值和接线应与上次试验保持一致。测量结果与上次相比，不应有明显差异。

（3）对单相变压器相间或三相变压器两个边，空载电流差异不应超过 10%。分析时一并注意空载损耗的变化。

（4）每次测试时，宜采用同一种仪器，接线方式应相同。

287. 油浸式电力变压器短路阻抗测量试验的要求是什么？

答：（1）短路阻抗测量用以判断绕组是否发生变形、主变铭牌参数是否准确。

（2）试验电流可用额定电流，也可低于额定值，但不宜小于 5A。

（3）应在最大分解位置和相同电流下测量。

288. 对于阻抗电压 $U_K > 4\%$ 的同心圆绕组对参数相对变化率的要求是什么？

答：（1）容量 100MVA 及以下且电压等级 220kV 以下的

电力变压器绕组参数的相对变化率不应大于−2%～2%。

（2）容量 100MVA 以上或电压等级 220kV 及以上的电力变压器绕组参数的相对变化率不应大于−1.6%～1.6%。

（3）容量 100MVA 及以下且电压等级 220kV 以下的电力变压器绕组三个单相参数的最大互差不应大于 2.5%。

（4）容量 100MVA 以上或电压等级 220kV 及以上的电力变压器绕组三个单相参数的最大互差不应大于 2.0%。

289. 油浸式电力变压器感应耐压和局部放电试验的要求是什么？

答：（1）油浸式电力变压器感应耐压和局部放电测量用以判断主纵绝缘是否存在缺陷。

（2）感应电压的频率应为 100～400Hz。电压为出厂试验值的 80%，时间按 $t=$（120×额定频率)/试验频率确定，但应在 15～60s 之间。

（3）在进行感应耐压试验之前，应先进行低电压下的相关试验以评估感应耐压试验的风险。

（4）正常情况下，$1.3U_m/\sqrt{3}$ 下的局部放电量不小于 300pC(注意值)。

290. 油浸式电力变压器绕组频率响应分析试验的要求是什么？

答：（1）油浸式电力变压器绕组频率响应分析用以判断绕组是否发生变形或作为其他试验的补充。

（2）当绕组扫频响应曲线与原始记录基本一致时，即绕组频响曲线的各个波峰、波谷点所对应的幅值及频率基本一致时，可以判定被测绕组没有变形。

291. 油浸式、干式电力变压器绕组各分接位置电压比试验的要求是什么？

答：（1）电力变压器绕组各分接位置电压比用以对核心部件或主体进行解体性检修之后判断铁芯磁路、绕组匝间绝缘是否存在异常。

（2）结果应与铭牌标识一致。

（3）分接位置不同，要求也不同。测量额定分接位置时，要求初值差不超过−0.5%～0.5%；而其他分接位置时，要求初值差不超过−1%～1%（警示值）。

292. 油浸式电力变压器绝缘纸板含水量试验的要求是什么？

答：（1）可用所测绕组的 tanδ 值推算或取纸样直接测量。

（2）当怀疑纸（板）受潮时，进行绝缘纸板含水量测试，用以检查变压器固体绝缘含水量情况。

（3）一般正常情况下，水分（质量分数）不宜大于下值：500kV 及以上电压等级，绝缘纸板含水量不超过 1%；220kV 电压等级，绝缘纸板含水量不超过 3%。

293. 油浸式电力变压器整体密封性能检查诊断内容和试验要求是什么？

答：（1）整体密封性能检查用以对变压器核心部件或主体进行解体性检修之后，或重新进行密封处理之后，检查是否有渗漏。

（2）检查前应采取措施防止压力释放装置动作。

（3）采用储油柜油面加压法，在 0.03MPa 压力下持续 24h，应无油渗漏。

294. 油浸式电力变压器声级及振动测定试验的要求是什么？

答：声级及振动测定用以当噪声异常时，判断变压器声响和振动是否异常。振动波主波峰的高度应不超过规定值，且与同型设备无明显差异。

295. 油浸式电力变压器绕组直流泄漏电流测量诊断内容和试验要求是什么？

答：绕组直流泄漏电流测量用以判断变压器绝缘是否受潮。测量绕组短路加压，其他绕组短路接地，施加直流电压值为 10kV（10kV 绕组）、20kV（35kV 绕组）、40kV（66～330kV 绕组）、60kV（500kV 及以上绕组），加压 60s 时的泄漏电流与初值比应没有明显增加，与同型设备比没有明显差异。

296. 干式电力变压器例行试验项目包括哪些？

答：干式电力变压器例行试验项目包括红外热像检测、红外热像检测（精确测温）、绕组电阻测量、铁芯绝缘电阻测量、绕组绝缘电阻测量、有载分接开关检查、测温装置及其二次回路试验。

297. 正常情况下干式电力变压器绕组电阻例行试验的阈值是多少？

答：（1）对于 1.6MVA 以上的变压器，相间互差不大于 2%（警示值），对于无中性点引出的绕组，线间互差不大于 1%（警示值）。

（2）对于 1.6MVA 及以下的变压器，相间互差不大于 4%（警示值），对于无中性点引出的绕组线间各绕组互差不大于 2%（警示值）。

（3）同一温度下，同相初值差不超过－2％～2％（警示值）。

（4）由于变压器结构等原因，差值超过（2）时，可只按（3）进行比较，但应说明原因。

（5）对于立式布置的干式空芯电抗器绕组直流电阻值，可不进行三相间的比较。

298. 干式电力变压器绕组电阻例行试验要求是什么?

答：（1）有中性点引出线时，应测量各相绕组的电阻；若无中性点引出线，可测量各线端的电阻，然后换算到相绕组。

（2）测量时铁芯的磁化极性应保持一致，不同温度下电阻值按下式换算：

$$R_2 = R_1 \frac{(T + t_2)}{(T + t_1)}$$

式中　R_1、R_2——温度为 t_1（℃）、t_2（℃）时的电阻，Ω；

　　　　T——常数，铜绕组为 235，铝绕组为 225。

（3）对于有载调压电力变压器，应进行应进行大于一半分接位置的直流电阻测试，全面掌握调压绕组以及调压开关导电回路状况。

（4）无励磁调压变压器改变分接位置后、有载调压变压器分接开关检修后及更换套管后进行测试。

299. 干式电力变压器铁芯及夹件绝缘电阻例行试验要求是什么?

答：（1）绝缘电阻测量采用 2500V（老旧变压器 1000V）兆欧表。除注意绝缘电阻的大小外，要特别注意绝缘电阻的变化趋势。

（2）绝缘电阻无显著下降，不低于上次试验值的 70％（注意值）。

300. 干式电力变压器绕组绝缘电阻例行试验要求是什么?

答：（1）测量时，铁芯、外壳及非测量绕组应接地，测量绕组应短路，套管表面应清洁、干燥。

（2）绝缘电阻无显著下降，不低于上次试验值的 70％（注意值）。

301. 干式电力变压器测温装置及二次回路试验的要求是什么？

答：（1）要求外观良好，运行中温度数据合理，相互比对无异常。

（2）每两个试验周期校验一次，可与标准温度计比对，或按制造商推荐方法进行，结果应符合设备技术文件要求。

（3）正常情况下，指示正确，测温电阻值应和出厂值相符。

（4）正常情况下，绝缘电阻一般不低于 $1M\Omega$。

302. 干式电力变压器空载电流和空载损耗测量试验的要求是什么？

答：（1）空载电流和空载损耗测量用以判断铁芯是否存在缺陷、匝间绝缘是否损坏。

（2）试验电压尽可能接近额定值。试验电压值和接线应与上次试验保持一致。测量结果与上次相比，不应有明显差异。

（3）对单相变压器相间或三相变压器两个边相，空载电流差异不应超过 10％。

（4）分析时一并注意空载损耗的变化。

（5）每次测试时，宜采用同一种仪器，接线方式应相同。

303. 变电站设备外绝缘及绝缘子例行检查的项目有哪些？

答：（1）清扫变电站设备外绝缘及绝缘子（复合绝缘除外）。

（2）仔细检查支柱绝缘子及瓷护套的外表面及法兰封装处，

若有裂纹应及时处理或更换；必要时进行超声探伤检查。

（3）检查法兰及固定螺栓等金属件是否出现锈蚀，必要时进行防腐处理或更换；抽查固定螺栓，必要时按力矩要求进行紧固。

（4）检查室温硫化硅橡胶涂层是否存在剥离、破损，必要时进行复涂或补涂；抽查复合绝缘和室温硫化硅橡胶涂层的憎水性，应符合技术要求。

（5）检查增爬伞裙，应无塌陷变形，表面无击穿，粘接界面牢固。

（6）检查复合绝缘的蚀损情况。

304. 变电站设备外绝缘及绝缘子在什么情况下需要进行现场污秽度评估？

答：每 3 年或有下列情形之一进行一次现场污秽度评估：

（1）附近 10km 范围内发生了污闪事故。

（2）附近 10km 范围内增加了新的污染源（同时也需要关注远方大、中城市的工业污染）。

（3）降雨量显著减少的年份。

（4）出现大气污染与恶劣天气相互作用所带来的湿沉降（城市和工业区及周边地区尤其要注意）。

如果现场污秽度等级接近变电站内设备外绝缘及绝缘子（串）的最大许可现场污秽度，应采取增加爬电距离或采用复合绝缘等技术措施。

305. 杆塔的倾斜、杆（塔）顶挠度、横担的歪斜程度阈值是多少？

答：（1）杆塔的倾斜、杆（塔）顶挠度、横担歪斜最大允许值见表 3 - 19。

表 3 - 19　　杆塔的倾斜、杆（塔）顶挠度、横担歪斜
最大允许值

序号	类别	钢筋混凝土电杆/%	钢管杆/%	角钢塔/%	钢管塔/%
1	直线杆塔倾斜度（包括挠度）	1.5	0.5（倾斜度）	0.5（50m 及以上高度铁塔）1.0（50m 以下高度铁塔）	0.5
2	直线转角杆最大挠度		0.7		
3	转角和终端杆66kV 及以下最大挠度		1.5		
4	转角和终端杆110 ~ 220kV 最大挠度		2		
5	杆塔横担歪斜度	1.0		1.0	0.5

（2）铁塔主材相邻结点间弯曲度不应超过 0.2%。

（3）拉线拉棒锈蚀后直径减少值不应超过 2mm。

306．导、地线由于断股、损伤造成强度损失或减少截面的处理方法分别是什么？

答：导、地线由于断股、损伤造成强度损失或减少截面的处理方法见表 3 - 20。

导、地线不应出现腐蚀、外层脱落或疲劳状态，强度试验值不应小于原破坏值得 80%。

表 3 - 20 导、地线损坏处理方法

线别	处 理 方 法			
	金属单丝、预绞式补修条补修	预绞式护线条、普通补修管补修	加长型补修管、预绞式接续条	接续管、预绞丝接续条、接续管补强接续条
钢芯铝绞线钢芯铝合金绞线	导线在同一处损伤导致强度损失未超过总拉断力的5%,且截面积损伤超过总导电部分截面积的7%	导线在同一处损伤导致强度损失未超过总拉断力的5%～17%间,且截面积损伤超过总导电部分截面积的7%～25%间	导线损伤范围导致强度损失在总拉断力的17%～50%间,且截面积损伤在总导电部分截面积的25%～60%间	导线损伤范围导致强度损失在总拉断力的50%间以上,且截面积损伤在总导电部分截面积的60%及以上
铝绞线铝合金绞线	断股损失截面不超过总面积的7%	断股损失截面占总面积的7%～25%	断股损失截面占总面积的25%～60%	断股损失截面超过总面积的60%及以上
镀锌钢绞线	19股断1股	7股断1股19股断2股	7股断2股19股断3股	7股断2股以上19股断3股以上
OPGW	断损伤截面不超过总面积的7%(光纤单元未损伤)	断股损伤截面占面积的7%～17%,光纤单元未损伤(修补管不适用)		

注:1. 钢芯铝绞线导线应该未伤及钢芯,计算强度损失或总铝截面损伤时,按铝股的总拉断力和铝总截面积作基数进行计算。

2. 铝绞线、铝合金绞线导线计算损伤截面时,按导线的总截面积作基数进行计算。

3. 良导体架空地线按钢芯铝绞线计算强度损失和铝截面损失。

307. 不同区域线路（区段）巡视周期一般如何规定？

答：城市（城镇）及近郊区域的巡视周期一般为 1 个月；远郊、平原等一般区域的巡视周期一般为 2 个月；高山大岭、沿海滩涂、戈壁沙漠等车辆人员难以到达区域的巡视周期一般为 3 个月。在大雪封山等特殊情况下，采取空中巡视、在线监测等手段后可适当延长周期，但不应超过 6 个月。以上应为设备和通道环境的全面巡视，对特殊区段宜增加通道环境的巡视次数。

308. 不同性质的线路（区段）巡视周期如何定义？

答：（1）单电源、重要电源、重要负荷、网间联络等线路的巡视周期不应超过 1 个月；运行状态不佳 的老旧线路（区段）、缺陷频发线路（区段）的巡视周期不应超过 1 个月。

（2）对通道环境恶劣的区域，如易受外力破坏区、树竹速长区、偷盗多发区、采动影响区、易建房区等，应在相应时段加强巡视，巡视周期一般为半个月。

（3）新建线路和切改区段在投运后 3 个月内，每个应进行 1 次全面巡视，之后执行正常巡视周期。

309. 架空输电线路的直升机单侧巡视与双侧巡视分别是什么？

答：架空输电线路的直升机的单侧巡视是指直升机在输电线路的一侧对输电设备进行巡视。

架空输电线路的直升机的双侧巡视是指直升机在输电线路的左右两侧对输电设备进行巡视。

310. 架空输电线路的直升机单侧巡视要求是什么？

答：（1）对于 500kV 及以下电压等级的交、直流单回路输电线路，宜采取单侧巡视方式。

（2）直升机巡视作业平均速度一般保持在15km/h。

311. 架空输电线路的直升机双侧巡视要求是什么？

答：（1）对于同塔多回输电线路和500kV及以上电压等级的交流、直流输电线路，宜采取双侧巡视方式。

（2）直升机巡视作业平均速度一般保持在10km/h。

参 考 文 献

[1] 国家能源局. 输变电设备状态检修试验规程：DL/T 393—2010 [S]. 北京：中国电力出版社，2011.

[2] 中国电力企业联合会. 110kV～750kV 架空输电线路设计规范：GB 50545—2010 [S]. 北京：人民出版社，2010.

[3] 国家电网公司. 输电线路状态监测装置通用技术规范：Q/GDW 242—2010 [S]. 北京：中国电力出版社，2011.

[4] 国家能源局. 变电设备在线监测系统技术导则：DL/T 1430—2015 [S]. 北京：中国电力出版社，2015.

[5] 国网冀北电力有限责任公司. 电力设备交接和检修后试验规程：Q/GDW 07001—2013—10501 [S]. 北京：中国电力出版社，2013.

[6] 国家能源局. 变压器油中溶解气体分析和判断导则：DL/T 722—2014 [S]. 北京：中国电力出版社，2015.

[7] 中华人民共和国住房和城乡建设部，中华人民共和国国家质量监督检验检疫总局. 电气装置安装工程 电气设备交接试验标准：GB 50150—2016 [S]. 北京：中国计划出版社，2016.

[8] 中华人民共和国国家质量监督检验检疫总局，中国国家标准化管理委员会. 液体绝缘材料 相对电容率、介质损耗因数和直流电阻率的测量：GB/T 5654—2007 [S]. 北京：中国电力出版社，2015.

[9] 国网冀北电力有限责任公司. 电力设备带电检测技术规范：Q/GDW 07002—2012—10501 [S]. 北京：中国电力出版社，2012.

[10] 国家市场监督管理总局，中国国家标准化管理委员会. 高电压试验技术 局部放电测量：GB/T 7354—2018 [S]. 北京：中国质检出版社，2019.

[11] 潘尔生. 电网设备工厂化检修培训教材 [M]. 北京：中国电力出版社，2014.

[12] 张德明. 变压器真空有载分接开关 [M]. 北京：中国电力出版社，2015.

[13] 电力行业职业技能鉴定指导中心. 变电检修 [M]. 北京：中国电力出版社，2014.

[14] 中华人民共和国电力工业部. 电力设备预防性试验规程：DL/T 596—1996 [S]. 北京：中国电力出版社，2017.

[15] 国家能源局. 带电设备红外诊断技术应用规范：DL/T 664—2008 [S]. 北京：中国电力出版社，2017.

[16] 国家技术监督局. 高压架空线路和发电厂、变电所环境污区分级及外绝缘选择标准：GB/T 16434—1996 [S]. 北京：中国标准出版社，1996.

[17] 中华人民共和国国家质量监督检验检疫总局，中国国家标准化管理委员会. 绝缘材料电气强度试验方法 第 1 部分：工频下试验：GB/T 1408.1—2016 [S]. 北京：中国标准出版社，2016.

[18] 中华人民共和国国家质量监督检验检疫总局，中国国家标准化管理委员会. 绝缘材料电气强度试验方法 第 2 部分：对应用直流电压试验的附加要求：GB/T 1408.2—2016 [S]. 北京：中国标准出版社，2016.

[19] 中华人民共和国国家质量监督检验检疫总局，中国国家标准化管理委员会. 绝缘材料电气强度试验方法 第 3 部分：$1.2/50\mu s$ 脉冲试验补充要求：GB/T 1408.3—2016 [S]. 北京：中国标准出版社，2016.

[20] 中华人民共和国国家质量监督检验检疫总局，中国国家标准化管理委员会. 电力金具通用技术条件：GB 2314—2008 [S]. 北京：中国标准出版社，2008.

[21] 国家能源局. 电力系统污区分布图绘制方法：DL/T 374—2010 [S]. 北京：中国电力出版社，2010.

[22] 国家能源局. 电力系统污区分级与外绝缘选择标准：Q/GDW 152—2006 [S]. 北京：中国电力出版社，2006.

[23] 电力行业电力变压器标准化技术委员会. DL/T 573—2010《电力变压器检修导则》培训教材 [M]. 北京：中国电力出版社，2015.

[24] 国家能源局. 架空输电线路直升机巡视作业标志：DL/T 289—2012 [S]. 北京：中国电力出版社，2012.

[25] 国家能源局. 架空输电线路运行规程：DL/T 741—2019 [S]. 北京：中国电力出版社，2019.

[26] 郭红兵，杨玥，孟建英. 电力变压器典型故障案例分析 [M]. 北京：中国水利水电出版社，2019.

[27] 内蒙古电力（集团）有限责任公司. 输变电设备状态检修试验规程：Q/ND 10501 06—2018 [S]. 北京：中国电力出版社，2018.

［28］ 国网冀北电力有限责任公司. 输变电设备状态检修试验规程：Q/GDW 07003—2012—10501［S］. 北京：中国电力出版社，2012.

［29］ 国家能源局. 防止电力生产事故的二十五项重点要求及编制释义［M］. 北京：中国电力出版社，2014.

［30］ 牛继荣，张叔禹，郭红兵，等. 输变电设备信息管理手册［M］. 北京：中国水利水电出版社，2018.

［31］ 国家电网公司. 国家电网公司电力安全工作规程 变电部分：Q/GDW 1799.1—2013［S］. 北京：中国电力出版社，2014.

［32］ 国家电网公司. 国家电网公司电力安全工作规程 输电部分：Q/GDW 1799.2—2013［S］. 北京：中国电力出版社，2014.

［33］ 陈安伟. 输变电设备状态检修［M］. 北京：中国电力出版社，2012.

［34］ 李景禄，李青山，等. 电力系统状态检修技术手册［M］. 北京：中国电力出版社，2011.

［35］ 汪永华，陈化钢，等. 常用电气设备故障诊断技术手册［M］. 北京：中国电力出版社，2014.

［36］ 王有元. 基于可靠性和风险评估的电力变压器状态检修决策方法研究［D］. 重庆：重庆大学，2008.

［37］ 袁志坚. 电力变压器状态检修决策方法的研究［D］. 重庆：重庆大学，2004.

［38］ 朱德恒，严璋，谈克雄. 电气设备状态监测与故障诊断技术［M］. 北京：中国电力出版社，2009.

［39］ 李建波. 基于油中溶解气体分析的电力变压器故障诊断技术的研究［D］. 长春：吉林大学，2008.

［40］ 唐佳能，金鑫，张建志，等. DL/T 664—2016《带电设备红外诊断应用规范》的应用分析［J］. 智能电网，2017（9）：924 - 929.